历史深处的电池

THE BATTERY:

How Portable Power Sparked a Technological Revolution

[美]亨利·施莱辛格（Henry R. Schlesinger） 著

张宏佳 刘波 译

上海科学技术文献出版社

Shanghai Scientific and Technological Literature Press

图书在版编目（CIP）数据

历史深处的电池 /（美）亨利·施莱辛格著；张宏佳，刘波译.
—上海：上海科学技术文献出版社，2020
（新知图书馆）
ISBN 978-7-5439-8026-6

Ⅰ．①历… Ⅱ．①亨… ②张… ③刘… Ⅲ．①电池—青
少年读物 Ⅳ．① TM911-49

中国版本图书馆 CIP 数据核字（2020）第 020202 号

图字：09-2018-087

选题策划：张　树
责任编辑：杨怡君　付婷婷
封面设计：周　婧

历史深处的电池
LISHI SHENCHU DE DIANCHI
[美]亨利·施莱辛格 著　张宏佳 刘 波 译
出版发行　上海科学技术文献出版社
地　　址　上海市长乐路 746 号
邮政编码　200040
经　　销　全国新华书店
印　　刷　常熟市人民印刷有限公司
开　　本　720×1000　1/16
印　　张　12.25
字　　数　219 000
版　　次　2020 年 4 月第 1 版　2020 年 4 月第 1 次印刷
书　　号　ISBN 978-7-5439-8026-6
定　　价　38.00 元
http://www.sstlp.com

目录

序言　真实的往事……………………………………… 1

一　没有科学的世界…………………………………… 1

二　迷信的终结………………………………………… 8

三　青蛙的传奇………………………………………… 27

四　科学、演技和伏打电堆 ………………………… 35

五　不绅士的科学家…………………………………… 47

六　上帝的杰作? …………………………………… 64

七　并非一无是处……………………………………… 86

八　电源与照明………………………………………… 93

九　设计天才…………………………………………… 110

十　发明的黄金时代 ………………………………… 115

十一　无线电技术 …………………………………… 120

十二　大众营销奇迹 ………………………………… 129

十三　下一步的设想 ………………………………… 139

十四　消除家里的距离感……………………………… 142

十五　无尽的前线 …………………………………… 147

十六　看一看! 听一听! 买下吧! ………………… 164

十七　越来越小 ……………………………………… 171

十八　耗不尽的电量 ······························· 176

十九　实验动态 ······························· 179

后记　未来发展趋势 ························· 182

附录　巴格达电池之谜 ························· 185

作者批注 ······································ 188

真实的往事

> 我们相信：只要符合自然规律，所有事物无一不是奇妙无比的。
>
> ——法拉第

写作此书的动机的确有些不可思议。本人在编写一部谍报工作的著作过程中，对电池产生了兴趣。如果需要现场为谍报专用设备更换电池，即使条件允许，也经常会出现不便的时候，所以能源问题就成为情报收集活动中的关键因素。专家和技术人员构想出无数的巧妙机关，但必须长久地纠结于电源难题。虽然存在意想不到的情况，但也总能引发人们的思考。电影中的超级特工邦德先生似乎从未在便利店里买过AA电池，可是他使用的那些特殊装置肯定离不开能源驱动。

那部谍报作品的工作量浩大，我在闲暇时开始在小卡片上记载电池方面的内容。经过日积月累，卡片由最初的一小叠变成了2叠，后来是4叠，很快集成8叠。破解了某一个疑问之后，又牵扯出更多的疑问需要研究。关于小小的电池，我们显然知之甚少。

稍做研究之后，我便发现了一个问题：市面上几乎没有一本有关电池的图书能满足业余读者的要求。当然，人们可能会找到个别的，大多涉及的是化学、物理学、历史学以及电子学等领域中与电池相关的内容。但是这些书主要面对的是科技人员和学者，专业性太强，更坦白地说，内容极其枯燥晦涩。另一方面，大多数介绍电子消费品的文字材料却

1

很少涉及电池。用户界面的特色当然是重点推荐的内容——显示屏、按键、运行速度以及应用程序等如何。虽然产品介绍或使用说明是必不可少的，大家却对电池没有多少兴趣。笔者所认识的科技界人士中，即便是那些超级怪才，他们也都很难对电池技术产生热情。

实际上，各种电池不仅仅是当前技术先进、产品便携化时代的能量之源，而且几乎所有脱胎于早期基础研究工作的五花八门的新奇设计和发明也都依靠电池提供能源。现在，通过电池供电的消费类科技产品大多立足于基础科学的研究成果。如果说多数科研项目也离不开电池，其实这一点不夸张。如果没有电池，不仅移动电话之类的设备无法使用，甚至为其提供支撑的科学技术也不可能出现。而精致巧妙的电池令我产生了不可抗拒的写作冲动。

另外一个方面也很重要。电池属于一种促成技术（也称支持技术），如果脱离其科学、历史和技术环境，我们无法真正理解其意义。我在写作期间总有一种亲切的释然感觉，犹如身处古朴的街边小店之中。无论是居家使用的器具，还是国际战场上的装备，只要在某一领域内进行一番研究，就会发现电池在推动技术应用不断走向复杂化。

写作期间不断有惊奇的发现。记得在开始阶段，本人需要介绍19世纪出现的最早的"现代"电池，发现当时的科学家曾对最初的设计进行过改进。他们之前甚至根本不清楚电池的原理，也不了解电的特性，但不懈的技术革新和演变已经低调地开始了，电池的电量不断扩充，使用寿命也不断延长。

本书为了叙述清楚，将那些互不相干或互不搭界的内容联系了一起。若有迂回离题之处，那是因为我所发现的事实确实妙趣横生，实在不忍弃之，很有必要与读者分享。个人以为，这本书第一次把下列显赫的名字同时收录其中：沃夫曼·杰克[①]、迈克尔·法拉第、诗人拜伦，还有"金属乐队"[②]。

---

① 沃夫曼·杰克（Wolfman Jack），原名罗伯特·维斯顿·史密斯（Robert Weston Smith，1938年1月21日—1995年7月1日），20世纪60年代至70年代美国著名的电台音乐节目主持人，即DJ，其嗓音粗哑，出过音乐专辑，也涉足影视界。

② 20世纪80年代后期，欧美摇滚乐坛"重金属"音乐处在鼎盛时期，而此时出现的激流金属（thrash metal）像一股洪流一样冲击着乐坛。这种流派的创始者就是1981年在美国洛杉矶组建的金属乐队（Metallica）。该乐队无疑是从20世纪80年代至今世界上最杰出和最有影响力的重金属乐队，一大贡献在于扩展了传统鞭笞金属的含义，复杂的编曲和大量华丽的吉他独奏也同样属于激流金属。这种风格加上詹姆斯·海特菲尔德（James Hetfield）那极富冲击力的演唱，使金属乐队长期处于重金属的统治地位，曾九获格莱美奖。

没有科学的世界

任何一种非常先进的技术无法与魔术区分开来。

——亚瑟·C. 克拉克①

19世纪初期,丹麦的考古学家兼博物馆馆长克里斯蒂安·尤根森·汤姆森(Christian Jürgensen Thomsen)使用新方法区分人类史前文物。这位学者划分出石器时代、铜器时代和铁器时代,借此对藏品进行研究,了解消失已久的文明世界。3个时代的划分不仅依据物品的材料,而且依靠了专业的技能组合及日积月累的知识基础。汤姆森的任务是通过分类确立技术发展的时间轨迹。汤姆森的断代法虽历经多年的修正,但基本上经受住了时间的考验。

100多年后,作家斯科特·菲茨杰拉德(F. Scott Fitzgerald)戏谑地用"爵士时代"形容第一次世界大战后若干年的喧嚣浮华和灯红酒绿的生活,当时的人们热衷于音乐、金钱、私酒和色欲。现在,虽然常听说我们生活在所谓的"数码时代""无线时代"或者"便携时代",但是还没有一个合适的词能把三者合在一起来表述当今的时代特征。

面对科学和技术的稳步发展,人们需要划分历史年代,以便对过去有清晰的认识。一方面,教科书中会涉及纷繁的政治、人物、战争、日期,或者对历史进行蹩脚的篡改,诱使人们得出这样的结论:人类社会的种种问题使得所有成就都黯然失色,而且这种认识很有市场,可是我们更愿意轻松地面对历史。另

---

① 亚瑟·C.克拉克,美国著名科普作家。

一方面,科技发展的总体趋势是依照有规律的、合乎逻辑的模式实现的,极少有例外[①]。即使在古代,发展的时间轨迹也是非常清晰明确的。

早在公元前6世纪,希腊米利都(Miletus)的哲学家泰利斯(Thales)就已经在探索自然界的种种谜团。泰利斯是古希腊"七贤"之一,被称为现代数学之父,却没有著作留存后世,现有的记载只有柏拉图和亚里士多德提供的零星轶事。这些逸事证明了最初的科学思维虽然像学步的幼儿一样纤弱不稳,但毕竟跨出了自己的脚步。

相传泰利斯在观察星空时曾跌落水井(又传水渠),这与现代心不在焉的教授形象极其类似。他参与了对波斯的战争,下令在哈吕斯河(今土耳其的克孜勒河)开挖引水渠以便建桥,从而使河水改道。另一个传说是泰利斯在埃及找到了测量金字塔高度的方法。在日间人影与实际身高相同的时候,只要量出地上金字塔影子的长度,那么其高度也就得到了。多么巧妙啊!

泰利斯的方法论是观察和分析思考,不是现代意义上的"提出假设与实验验证"模式的科学研究,而是基于那些能直接观察到的东西。尽管如此,其方法论建立在逻辑的基础之上,是意义重大的突破。当时普遍认可的是宗教神话方面的理论,使古代人的思维深受影响。泰利斯认为大自然既不是随机的,也不是天神心血来潮的产物。这种认识诚然是不凡的进步,遗憾的是并不全面,不足以解释那些复杂的自然过程和宏观或微观层次上的事物。在研究电现象和磁现象过程中,泰利斯就遇到了无法逾越的障碍。

以琥珀为例,这种石化的树脂在古代,尤其是在希腊人当中被视为珍宝。琥珀因其颜色被希腊人形容为"ēlektron"(希腊语意为"黄金",有时也指白银)。早在公元前16世纪,琥珀就由缅甸输入并贩运至欧洲各地,大量用于希腊勇士之王的葬礼当中。

琥珀的特性很有意思,其中之一是摩擦后产生静电荷,能够吸附草屑、麦壳、细小的铜屑或铁屑等。无论观察得如何仔细,这样的事实真相在当时是无从得知的:布料或手指上的电子经摩擦后转移到了琥珀的干燥表面,使其电性为负,之后便能吸引带有正电荷的碎屑。我们今天称这种现象为"摩擦起电",实质上是两种物质接触时交换电子的过程。电荷转移过程中二者形成了键结构,一旦分开,有些原子会留有多余的电子。例如,玻璃与羊毛在一起摩擦后,羊毛获得电子,电性为负;而玻璃失去了电子,电性则为正。借用一个宽泛的定义——保持电荷的能力——琥珀也可叫作最早的电池。

---

① 古老的巴格达电池便是一个明显而又费解的例外。参见附录中列出的争论内容。

天然磁石同样难住了包括泰利斯在内的古人。仅靠观察和逻辑分析无法解释眼前实实在在却又完全不可能的现象的实质：石头如何能移动金属物体呢？按照亚里士多德的说法，泰利斯认为磁石是有灵魂的，所以能够吸铁。

古希腊人和古罗马人依靠观察和逻辑来了解外部世界，与之对立的现代方法论则是可量化的、基于理论与实验的。例如就金属构造理论而言，创立形式逻辑的亚里士多德的观点并不科学，更接近炼金术。

科学发展的这种状态延续了几个世纪之久。观察和逻辑解决不了问题的时候，各种神话和巫术就会填补空白。一直到17世纪，欧洲的科学思想核心始终在强调直接观察与逻辑分析，这是认知世界的唯一途径。亚里士多德提出的"第五元素"——以太，是极其模糊的概念，包括爱因斯坦在内的后世科学家们依然为之争论不休。

神话传说自有其顽强的生命力，它们以各种文字形式流传着，试图让人们相信那些没有事实依据，常常也是令人难以置信的事情。古罗马的博物学者老普林尼（Pliny the Elder）是研究自然的大师，他把直接观察的结果与神话和寓言结合起来。在其巨著《自然史》一书中，普林尼确信独角兽就是狮子。许多民间传说和传奇故事以现在的标准来看不太可信，但是普林尼没有可靠的方法去进行查证，只能忠实地记录在书中。其中就有这样的记载："在印度河附近有两座高山，其中一座能吸铁，而另一座则正相反。穿着带铁钉鞋子的人在前一座山上无法抬脚，到后一座山上却落不下脚步。"可原因是什么呢？我们相信普林尼也知道神秘磁力的存在，这种同样的无形力量在遥远的国度里能发挥神奇的作用，只要稍微发挥一下想象力，他就可以弄清其中的奥秘。

记载神秘磁现象的并不只有普林尼一个人。一些涉及磁现象的牵强判断曾广为传播。正如普林尼一样，这些记载多是来自遥远异乡的传说，而自然法则好像受到了距离的影响，通过直接观察加以证实的能力也好像被削弱了。一则版本多样的传说流传了几百年：古埃及建筑师提谟卡雷斯（Timochares）开始在亚历山大港的阿尔西诺伊（Arsinoe）神庙工程中用磁石树立起拱顶，王后的铁质雕像便可以悬浮在半空中，好像魔术一样。此类传说还有不同版本：据说人们在清真寺里用磁铁悬挂穆罕默德的塑像；7世纪的圣比德尊者（the Venerable Bede）是盎格鲁-撒克逊本笃会修士，《英格兰人教会史》的作者，他曾提到希腊科林斯英雄柏勒洛丰（Bellerophon）骑乘的飞马珀伽索斯（Pegasus）（约2.27吨的塑像）依靠磁石的力量悬浮在罗兹岛上；在中国的传说中堡垒和陵墓的大门也是由磁石制成，因其能吸附兵器和铠甲而起到安全防范作用。

利用磁力悬浮的飞马神像

　　沉迷于神话传说的先贤们给人类的思想留下过缜密深刻的痕迹，而我们很难接受他们的全部思想。古代应用的实验方法很少能传承到现在，仅存在于工匠人群中。他们要保守"行业秘密"才能具有竞争优势，所以使用的是心照不宣的原材料，也包括某些基本的巫术。古时的炼金术士也在追求长生不老和无尽的财富。因此，古代社会得到发展的是那些价值明显或用途直接的技术。研制新型肥皂或漂亮玻璃珠的动机是显而易见的，通过管道大量输送生活用水也使民众受益。

　　然而，那些不能掌控或者没有即时效益的现象仍旧囿于哲学、神话和宗教。除了惊奇和神秘，磁石或者静电还会给人类带来什么呢？

　　古代人对以磁力为首的自然现象进行过有限的科学探究。一方面，磁石可以把握在手中，其作用容易看见，甚至可以任意重复发挥，成为不错的研究对象。而另一方面，电现象则是静电的瞬间冲击，既神秘又快速，研究起来非常难。电鳗、闪电和琥珀石上聚集的静电荷等都是自然界的电现象，古人只是没有把它们明确定义为同一种基本力量。由于人类的感官,即视觉、触觉、味觉、嗅觉和听觉,划定了现实世界的认知范围,所以能得到有关电的透彻了解不仅是极其困难的,而且还要求助于神话。

对电流和磁力的研究悄无声息地进行了几百年。古罗马诗人卢克莱修(Lucretius)试图把理性的高度推升到迷信之上。在其哲理诗《物性论》(De rerum natura)中描述过磁力的作用。

古罗马的教父圣奥古斯汀(St Augustine)在《天主之城》(De civitate dei)一书中介绍了磁石及其吸引铁环的能力。

一见到那情形,我就像被雷击中一样完全惊呆了。一块石头吸住了铁环并使之悬起来后,好像把自己的吸力传递给了铁环,后者也像磁石一样能吸引并托起另一只铁环。就这样,第一只铁环附在磁石上,下面吸附着第二只……无人不惊叹于磁石的特性。它不但自己具有这种特性,而且能在铁环间传递,通过无形的力量将各个环连接在一起。

与此同时,各种根深蒂固的神话在几百年间不断推广和发展。商旅、游医和哲学家们把吸铁石的传说传播至欧洲各地。人们认为磁石能发现盗贼;导致某一家人失明;吸铁的同时不会增加自身重量;研磨成粉末或者与药膏一起贴附在肉体上能医治疝气、精神病,甚至外伤。大家一致认为接触钻石或用大蒜摩擦后,磁石便失去磁性,而浸入山羊血内却能奇迹般地恢复其全部磁力。

艺术家当然会利用那些看不见的神秘力量——其作用近似于命运、巧合或者诸神相争时的心血来潮——推动故事情节的展开。16世纪的埃德蒙·斯宾塞(Edmund Spenser)在其史诗《仙后》(The Faerie Queene)中描述了一座能吸引船只的悬崖,磁性被设计成了作品的一个情节。

第二卷节选中文大意(原文为古英语):

争狞岩壁的另一面斜斜地耸立着,
吸力强大的磁石,那里的峭壁
由高处垂下,气势令人不敢仰视,
崎岖的臂膀高举在波涛之上,
虎视眈眈地张着参差的裂口
准备吞没靠近的一切;它吸引着

所有的过客，无人得以逃脱：

他们要飞跃吞没迷航者的深渊的时候，

一定会被牵扯到石壁上，没入无情的浪涛中。

到了11世纪，人们发现了磁石的新价值，在亚洲和欧洲先后出现了航海领域中的应用记载，指南针的主要部件就是磁石。神秘的磁石不仅仅能激起好奇心，也能完成实际而又生死攸关的任务——为船只导航。

13世纪时的磁石研究没有确切的成果。在法国军队围困意大利南部的卢切拉期间，身为工兵的皮埃尔·德马里古（Pierre de Maricourt，因在十字军东征期间到过圣城，又称"朝圣者彼得"）负责修建防御工事和攻城用的投石车。他也是一名专业能力十分有限的医生，却突发奇想，要研制磁石驱动的永动机。在彼得的设想中，永动机依靠磁力能不停地转动一个小球。

1269年夏，彼得在给好友西热吕斯·德富科古（Sigerus de Foucaucourt）的信中提到了自己的设想。彼得首先详细描述了磁石，有条理地逐一列出其特性，而不是简单地介绍他的永动机。虽然彼得的设计注定无法成功，但是信中的第一部分对后来的归纳推理和磁科学研究具有里程碑的意义。

"出于情谊向您致信，略叙一凡人所遇到的谜团，"他写道，"而那些多数世人眼中的谜团终将被占星家和大自然的研究者们解开，并成为其乐趣所在，因为那些更博学的前辈们也能从中大受裨益。"

磁石已经脱离了推测和神秘，甚至褪去了诗意。"揭示这种石头的隐含性质就像雕塑家在加工艺术作品一样，"他又说，"尽管我认为您所打听的那些事的意义不言自明，而且价值不可估量，但普通人却认为那些都是幻觉，是凭空想象的产物而已"。

这封朝圣者与友人探讨磁现象信件的誊写副本不久开始流传起来。

欧洲发明印刷机以前，有限的科学研究成果中绝大部分无法通过学术期刊或著作进行交流，而是以书信的形式在很小的朋友圈子内和志趣相投的个体之间分享。当时印刷一部书的成本足以买下一大片土地，而活字印刷术要再过200多年才出现，所以借助书信传播科学研究成果的作用极其有限。尽管如此，人们多年间不停地大量复制并参考彼得的那封信。方济各会修士罗杰·培根[①]的科学综述类杰作《大著作》（*Opus majus*）中竟然也提到了它。该书是应教皇克雷

---

① 罗杰·培根（Roger Bacon, 1214？—1292），英国哲学家、科学家、方济会修士，强调数学和实验的专业意义，从事光学和天文学研究。

芒四世（Clement Ⅳ）要求秘密编写的。被称为"神奇博士"的培根认为彼得的研究带有经验论的烙印，他在牛津大学运用这种方法论，并将其纳入自己的实验科学领域。培根的研究使他与教会的观念发生了冲突。晚年时的培根被判异端罪，被教会软禁了十多年。

二 迷信的终结

> 我发现有关电现象的内容太多了，已经使人达到无从理解、无法解释的程度。
>
> ——米森布鲁克（Pieter von Musschenbroek）

15世纪中叶出现的印刷机和更加快捷安全的交通方式，使得思想的传播更便利，受众也更广。摆脱了神话的科学观念开始在社会上流行。然而，即使在医药等实用科学领域繁荣之际，电和磁的研究仍然停滞不前。直至伊丽莎白一世时代的英国内科医生威廉·吉尔伯特（William Gilbert）开始关注磁现象后，情况才有了进展。吉尔伯特是女王御用健康顾问团中的一员，并在伦敦忙于行医，同时又是皇家内科医师学院成员。吉尔伯特的研究是当时最为可信的。

吉尔伯特首先从古希腊人研究过的琥珀开始入手，用拉丁语"vis electricia"称呼琥珀因静电产生的吸力，从而创造出英语里的一个新词"电"（electricity）。

1600年，吉尔伯特出版了拉丁语著作《磁石论》（De Magnete，全名为《论磁石、磁体及大磁体——地球》），为科学实验打下了很好的基础，其意义远远不止于磁性和电的研究。该书提出的是全新的科学研究方法，使得人们争相阅读、广为议论。

那时还有其他人在进行相关的科学实验，并在私人信函和小册子中记载实验结果——尽管不及吉尔伯特的详尽细致。1576年，英国布里斯托的仪器制造商罗伯特·诺曼（Robert Norman）出版过小册子《新吸引力》（New Attractive）。实际上，吉尔伯特在《磁石论》中就曾重复过诺曼的一个实验。为了明确自己的实验方法,诺曼说:"我的实验不仅仅依靠单调乏味的推测或空想,我会尽量简洁地进行表述,我的论据只立足于实验、推理和演示,这是科学知识的基础……"意大利医生、数学家和占星家吉罗拉莫·卡尔达诺(Girolamo Cardano)在自己的《论细微之物》(De Subtilitate Rerum)一书中也对磁性和电性做了区分。

吉尔伯特和《磁石论》为何能受到赞扬呢? 首先,他的研究在当时是最详尽透彻的,不但设法找到了任何与磁体有关的内容,而且为了核实结果、验证理论,又用科学方法重复了他人的实验,并且在该领域中贡献了自己进行过的多项实验成果。第二,与关注度不高的诺曼不同,吉尔伯特所生活的伦敦是欧洲主要的大都市之一,当时的人口数超过7.5万,在温度偏高的月份会突然暴发瘟疫,人们随意向窗外倾倒便桶,伦敦塔桥上时常悬挂着罪犯的头颅。伦敦更是贸易集散地,新思想的汇集地,欧洲的一个文化中心。正处于巅峰期的莎士比亚创作出剧作《哈姆雷特》和《尤里乌斯·恺撒》。另外,吉尔伯特也得益于良好的社会关系。400多年后,人们给予《磁石论》相当高的关注,也普遍认可吉尔伯特的成就。

同以前的彼得一样,吉尔伯特不断进行实验,以文字详细说明每次实验的结果,而且只记录那些可以重复操作的、能够证明的实验。更重要的是,他已经着手揭露各种神话迷信。他的观点也符合现代科学理念:科学实验的结果只要能够经得起检验,就能戳穿神话虚伪的面具,不论是重复多少次的神话。"磁石的已知特性被强加上各种臆断和谎言,目的就是故弄玄虚,那些幼稚的一知半解和以讹传讹的人借此愚弄世人,现在的情况和过去莫不如此。"

> ……普林尼和托勒密的《占星四书》(Quadriparatitum)就有这种类似的情况。各种谬误肆意流传扩散——简直像繁茂的毒草一样令人讨厌——直到现在,仍有不少人还在卖弄文笔,大肆鼓吹,他们自己都不甚明了,只凭经验为之,可是写出来的东西却被捧为经典。

吉尔伯特敢于公开地挑战权威,直接指名道姓,其信心来自科学实验:

> 凯利厄斯·卡尔卡格尼尼厄斯(Caelius Calcagninius)在《关系论》(Relations)中认为用鲫鱼身上的盐分浸过的磁石能把深井中的金子吸出来。蹩脚的学者热衷于研究这类无稽之谈;普通人对深奥的事物当然十分好奇,而从哲人那里得来的却是荒诞不经的思想,备受其愚弄,从而丧失对真知的追求。

这些当然是那个时代的不和谐音——好比穿越到伊丽莎白时代的脱口秀节目或学术界的口水官司。

吉尔伯特的研究工作意义不凡，尤其是构想并制造了一种原始的验电器，普遍被视为第一件电气装置。他用拉丁语起名为*versorium*，用来检测静电的存在。验电器的设计很简单，仅仅是一根能在基座上随意转动的金属指针，非常像指南针，能够近距离检测是否有静电存在。

吉尔伯特剔除了科研著作中的繁琐辞藻，开创了一种新的文风：

> 我们不必在写作中刻意追求优雅的美学意境，也不用华美的言辞修饰。我们的目的是要解决复杂的难题，语言风格必须简洁明了，而那种文风却于事无补。因此，我们有时候会使用一些新的或常人从未听到过的词汇。这与炼金术士所习惯的做法不同，他们需要卖弄术语来蒙蔽世人，所以故意把术语说得晦涩难懂。我们的目的是把那些未知的和从未注意到的事物、隐含的真相真实地显现出来，平实而又充分地公布出来。

吉尔伯特的一项发现是详细区分了琥珀（他称为"带电体"）和磁体。"磁石能提起重物，两盎司重的强磁体能提起半盎司到一盎司的物体"。吉尔伯特坚定地用朴实的文风写作，甚至把最初的拉丁文稿译成了通俗的英语。在《磁石论》的最后，他发明了英语里的术语"电"，命名了地球的"南极"和"北极"，明确区分了质量与重量，发现了热对磁体的作用，并认定地球为磁性天体。总共有30多项磁性和电性方面明确的新发现都源于他所做的实验，他开创了全新的科学研究方法。

最惊人的一项突破或许是对琥珀静电特性的探究。几百年来，人们一直以为琥珀经过摩擦变热后便有了吸附能力。吉尔伯特根据自己的实验结果，推测摩擦后"磁素"传递到琥珀的光滑表面，正是这种看不见的物质能吸引其他东西。当然，他不可能掌握电荷的实质就是电子的转移（确认这一点要等到近300年之后，即1897年），但也算得上是非常接近实质的结论了。

对于现代读者而言，吉尔伯特的科学见地有些过于简单化，甚至单调乏味，可是在他所处的时代却是启示性的。通过尽可能严格的标准检验一项假说是全新的观念。吉尔伯特不仅用清晰明了、不加渲染的方式公布自己的成果，而且彻底摆脱了各种神话、传说和猜测。在许多历史学家看来，《磁石论》标志着亚里士多德学派在科学界统治地位的终结，也使古代逍遥学派的哲学家们走进了死胡同。他们四处游学，运用逻辑学解决生活中的各种问题。

当然,吉尔伯特也应用逻辑学,而且是系统地运用。他在实验室中借助归纳推理法进行实验。他为了找到证据积累了海量的数据,并把结论建立在一次次的实验基础上。正如科学史专家帕克·本杰明(Park Benjamin)所说:"……用伟大学说的著作系统取代堆砌辞藻的经典理论的学者中,他是第一人。"

《磁石论》标志着现代科学的开端,也为伽利略和艾萨克·牛顿开启了一扇大门。牛顿对科学实验的喜好有时达到骇人的程度。为了研究视觉后像,他曾用一只眼直视太阳,差一点造成失明;在其他系列实验中,又向眼球周围插入不同的器具,包括象牙牙签或自己的手指,目的是改变眼球形状。牛顿记录了这样一次实验感受:"我从眼球和眼眶间的空隙插入牙签,尖端抵近眼底时眼前浮现出了若干白色的暗圈或彩色的光圈。"

伽利略认为《磁石论》"是一部了不起的、令人羡慕的"著作。伽利略做过最著名的实验,在方法上却远不如牛顿的恐怖。经过观察,他发现大块的和小粒的冰雹是同时落地的,并认定可以推出两个结论:其一是大块冰雹的下落速度快,还要从更高的地方落下;其二是物体的重量与下落速度无关,无论其重量如何,下落速度都是相同的。这种解释正好与直觉相反。为了验证哪个结论是正确的,伽利略在比萨斜塔上同时抛下两个重量不同的物体,实验结果便永载于各类初级的理科教科书中。

吉尔伯特的这本书及其若干结论得到了快速传播。早在1602年,他便提及来自意大利的有关信件。几年后,已知的译本已经出现在中国。又过了几年,其原著又出现了英译本(当时的科技文本通常是用拉丁文书写)。

吉尔伯特在书中写道:"我把磁科学方面的基本理论以及理性思维的新方法一并呈现给各位真正的哲学家、正直的学者,你们不仅在书本中,也从实践中探求知识。"

实际上,吉尔伯特在科学上的贡献恰好体现了所有科学研究工作的非凡之处:只要具备一定的时间和资源条件,几乎任何人均可重复他的那些实验,实验的结果也近乎完全相同。不同于炼金术士模棱两可的把戏和手工艺人秘而不宣的技术革新,吉尔伯特的成果却可以随意共享,也敢于公开面对挑战。只要是可靠实验得出的更严谨的理论,完全可以推翻他原来的理论,哪怕是最为核心的部分。

炼金术受到科学方法的深远影响,这一诡秘的行当一直在努力融合科技成果和神秘主义,结果却不尽如人意。《磁石论》出版之时,炼金术已经摆脱了先前费力不讨好的境遇,不只借助各种灵丹妙药来谋求所谓的点金术或长生术。17世纪发生的科技革命以及吉尔伯特的成就推动了炼金术的发展,使其远离了魔法玄术和神秘主义，转而注重实验科学和客观规律。事实上，最早出现在17世纪现代的"化学"一词，原来指的是炼金术和化学疗法，又经过近一个世纪，它才涵盖现有的研究范围。值得注意的是，英文单词"实验室"最早出现在1605年。

公众逐渐接受了科学，也意识到其造福人类的巨大潜力。人们认为史上第一部科幻小说是大哲学家弗朗西斯·培根所写，其中一部分名为《新亚特兰蒂斯》，出版于作者逝世后的1627年。书中描述了一个建立在科学原理基础上的理想社会，居民们享用着神奇的先进科学发明，诸如电话和飞行器等。书中的场景当然是遥远的国度，那里生活着特别聪慧的人，情节中也提到过磁力山和悬浮雕像之类的离奇传说。

人类对宇宙的认知也在发生变化。宇宙不再神秘莫测，而是一个始终在自然规律支配下运动的系统。更重要的是，人类有能力认识并掌握宇宙的规律。诗人亚历山大·蒲柏（Alexander Pope）受到这一美好前景的启发，写出如下诗句（实为诗人为牛顿写的墓志铭）：

> 自然与自然之定律
> 皆隐没于暗夜；
> 上帝便说，让牛顿出世吧！
> 于是世间有了光明。

在牛顿和伽利略等科学家眼中，宇宙就像一部机器一样，实验和逻辑推理能够解开它的秘密。培根认为知识能给那些愿意付出的人带来无法预见的巨大恩惠，而且"我们不能闭门想象和假设，而应该去主动发现宇宙的奥秘，去探究我们能对宇宙做些什么"。

牛顿有一句名言，"不知道世人对我是怎样评价，我却认为自己好像是在海边玩耍的孩子，时而找到一块光滑的卵石，时而发现一片美丽的贝壳，乐在其中之际，前面真理的浩瀚海洋却还是未知的。"他想到了等待探索的疆域极其广阔，也差不多勾绘出了新的时代，此前欧洲的船队已经开始了探索新大陆的漫漫航程。

为了共享信息和其他资源，一些小型的学术团体开始形成，并不断成功地揭露各种谬论和神话。英国出现清教教派后，科学受到教会的掌控，一些教派也开始披上了科学的外衣，例如德国的玫瑰十字会，其会员相信磁石能够吸走人体内的病患。

到了1660年,英国的护国公奥利弗·克伦威尔(Oliver Cromwell)已经死去,清教也趋于没落之际,21位科学爱好者结成的松散学术组织以"无形学院"①名义开展活动,他们向查理二世国王请愿获批后,组建了"皇家学会"②,其宗旨是"……促进实验哲学的发展"。"实验哲学"(当时对自然科学的称谓)突然间成为流行时尚,也是备受尊崇的事业。上流社会的人士应知晓普鲁塔克③、音律和艺术,也要大致掌握前沿的科学理论、新发现和科学实验。

　　一些拥有社会理想、大量闲暇和资源的地主、贵族和富商们积极投身科学,热衷于追踪最新的科学发现,资助研究项目,旁听讲座报告,甚至自己建立小型实验室,亲自进行实验。所以,科学热潮在上流社会当中高涨的同时,普通民众的兴趣也自然在提升。培根的朋友本·琼森(Ben Jonson)创作过一部喜剧《魅力女士或将就的幽默》(*The Magnetick Lady or Humours Reconcil'd*),女主人公的姓氏罗德斯通(Lodestone)正是英语里的"吸铁石"之意。在那个社会环境当中,有一个看似荒唐也很正常的现象:牛顿爵士一向不愿意抛头露面,经常处于偏执状态,可是他的形象却出现在无数的肖像画和纪念章上,颇似现在流行文化中的偶像崇拜。

　　因为有学者在乡间做巡回的科学展示,作坊式的手工业得以发展。一些江湖骗子和不端学者借机堂而皇之地表演自己的各色把戏,当中有很多人也同时提出了若干理论。为了满足公众急于了解科学动态的好奇心,各类出版物大量涌现,既有严肃的专业期刊,如皇家学会的《哲学会报》(*Philosophical Transactions*),也有通俗的宣传品,包括《牛顿科学思想之女性必读》等。17世纪中叶,伦敦的内科医师托马斯·布朗(Thomas Brown)发表了《探究常见和盛行的谬误》(*Pseudodoxia Epidemica or Enquiries into Vulgar and Common Errors*)。他和吉尔伯特一样要证明那些未加证实或检验的思想。这部书尽管很畅销,多次印刷也告售罄,却没有得到好评,都说它是一部大杂烩式的拼凑之作。书中有严谨的实

---

① 无形学院一词首先出现于罗伯特·波义耳(Robert Boyle)于1646年和1647年写的两封信中,信里描述伦敦小酒馆中的午餐会,当时尚无正式的期刊出版,科学家总是把自己的研究成果写成书籍,而且通过私人通信、书店浏览和私下传阅等方式来进行交流,此即为无形学院。广义的无形学院,泛指科学家之间一套非正式的沟通关系,此现象迄今依然存在,所以,在探讨学术资讯传播与寻求行为上,无形学院占有举足轻重的地位。

② 皇家学会(royal society),全称"伦敦皇家自然知识促进学会",是英国资助科学发展的组织,成立于1660年,并于1662年、1663年、1669年领到皇家的各种特许证。学会宗旨是促进自然科学的发展,它是世界上历史最长而又从未中断过的科学学会,在英国起着全国科学院的作用。英女王是学会的保护人。

③ 普鲁塔克(约46—120),希腊传记作家。

验科学成分,也充斥着杂乱不堪的论述,但可取之处是作者贡献了几个新的科学术语。1675年,现代化学之父罗伯特·波义耳出版的《摩擦起电的实验与报告》(*Experiments and Notes about the Mechanical Origine or Production of Electricity*) 被普遍视为第一部电学专著。

包括基础物理学、植物学、天文学及解剖学在内的宏观科学的发展远远领先于化学和电子学领域的研究。科学家们从17世纪开始一直刻苦钻研到18世纪,可是分子和电子层面的微观世界之门仍然紧闭着,差不多像外星球的学问一样难解——相当于处在牛顿所谓的"知识海洋"的遥远天际。电学已经脱离了吉尔伯特所关注的磁效应,但研究难度很大,静电火花的迸发仍无法变成连续持久的电流。

有一点并不意外:最早能稳定放电的装置同古代摩擦琥珀产生静电的办法(至少在原理上)有着惊人的相似性,尽管其发明者得到灵感的方式有些曲折。奥托·冯·居里克(Otto von Guericke)出生在德国马格德堡的显赫家族,接受的是一切显赫家族所能提供的正规教育。他首先就读于莱比锡大学,之后转入耶拿大学专修法律,最后到荷兰的莱顿大学学习工程学。回到马格德堡之后,他与乡邻们一起经历了"三十年战争"[①]磨难与煎熬之际,开始涉猎科学研究。

1654年,居里克发明的空气泵得到了外界的关注。几年后追随吉尔伯特步伐的居里克自称制成了地球的缩尺模型。据其本人描述,先在小孩头大小的玻璃球瓶的内壁涂上硫黄和其他矿物的混合物,经过加热后再打碎玻璃球,便得到一个圆形的硫黄球。他把圆球放置在特殊装置上,使它在两片皮垫上转动,从而模拟了行星的运动。居里克显然是接受了吉尔伯特的理论,认可电现象与重力的关联性,却轻率地否认地球是一个巨大磁体。他的认识虽然存在不足,但他的贡献是使那个空心硫黄球带有了静电。带电的球体同古代琥珀一样能够吸附分量轻的物体,例如羽毛和碎布头等,同时也排斥一些物质。

随后几年间,皇家学会也在用类似的装置做实验。莱比锡大学的数学教授弗朗西斯·霍克斯比(Francis Hauksbee)曾长期担任牛顿的助理,后成为伦敦的设备制造商和皇家学会的首席"实验师"。他改进了居里克的设计,用玻璃球替代了硫黄球。

---

① 1618—1648年,哈布斯堡王朝同盟和反哈布斯堡王朝同盟两个庞大的强国集团为争夺欧洲霸权而进行的第一次全欧性战争。

冯·居里克设计的发电装置

实验者终于找到了发电和暂时存储电荷的可靠办法，接着又开始深入研究电的本质。欧洲的大城市突然出现了与电相关的学术报告和公开的实验演示，同时有实力的人产生了对发电装置的需求。或者出于好奇心，或者为了娱乐目的，一些科学爱好者买到静电发生器后，自己模拟他们在报告会或期刊上见到的那些实验项目，其中包括德国教授乔治·马提亚斯·博斯（George Matthias Bose）。为了提高放电量，他在实验中添加了一组旋转玻璃球，3个球直径从25.4～45.72厘米不等。博斯宣称，组合装置的能量十分强大，能使附近的人带电，其血管里的血流好像要沸腾一样。

在德国的埃尔福特，苏格兰的本笃会修士安德鲁·戈登（Andrew Gordon）也在从事科学实验。他进行了一次标志性实验：用丝线把一个金属球悬挂于两片锣之间，其中一片由静电发生器充电，另一片接地。这时金属球会摆向带电的锣片，撞击后再摆向另外一片，如此往复。尽管此人基本被历史遗忘，但是他的简单装置却首先将电能转化为机械能。这一发明最终演变成为"德国鸣钟"。可是过了几年，美国人本杰明·富兰克林莽撞地通过避雷针把附近暴风云中的静电荷引到自家的客厅中，并成功敲响了钟声，此类装置很快又变成了"富兰克林鸣钟"。

人们认为第一台电动机也是戈登的发明。这一巧妙设计的原理与古老的蒸汽机相同，那是公元前200年左右亚历山大学派的数学家希罗（Hero）发明的汽转球，蒸汽从方向相反的两个孔中喷出，推动球体在盂中旋转。戈登的发明被称为"电转轮"，一个金属星形结构以其中心点做轴向固定，尖端在电荷的作用下能够转动。

电的话题是18世纪的重大新闻，尤其是英格兰的《英国杂志》《环球杂志》《伦敦杂志》等知名期刊经常报道电学实验的最新成果。然而，最严谨的科学实验者也会开玩笑。有可靠消息称，博斯就曾故意给金属餐盘通电，还把通电的硬币让志愿者咬着，或者让一群人手拉手体验过电的感觉。

1706年，老弗朗西斯·霍克斯比为皇家学会提供了另外一套电学实验器具，一只约76.2厘米长的玻璃管。与布摩擦后，玻璃管也能带电，经过公开展示后也引起了轰动。霍克斯比用它吸起过细铜丝、线头和自己的头发，一系列成功的演示实验吊足了公众的胃口。

同居里克的静电机不同，霍克斯比的玻璃管能有效存储电荷，尽管时间短暂，但充电方式简单，制造成本也很低廉。实际上，有兴趣的人都能得到这样的管子，更多的科学爱好者也能进行相应的实验。来自英国坎特伯雷的斯蒂芬·格雷（Stephen Gray）属于排斥实验科学的一类人，竟然也接受了玻璃管。格雷从事染料行业，也是热心的科学爱好者，常年研究天文学、光学和超自然现象，后来热衷于电学。得到退休养老金后，格雷获准进入伦敦的卡尔特修道院（Charterhouse），该机构在宗教改革运动中被关闭，并改建为退休人员的养老院和贫民子弟的走读学校。

格雷对染料生意没有兴趣，安享退休生活的同时又把热情投入到科学研究与实验当中。因为买不起机械式的静电机，他和两位同事开始用带电玻璃管做实验，证明了毛发、皮革、丝绸和牛内脏等有机材料，甚至活的小鸡都能作为电的导体。他们一度用丝线将卡尔特学校的一名男学生悬吊起来，用带电玻璃管触碰孩子的脚，之后发现孩子脸上能吸住细铜丝。看来电既能够通过活鸡和牛内脏，也能轻易通过活的人体。格雷在另外一次实验中设法把玻璃管中的电荷沿着导线传送了近22.86米。

格雷对电的研究达到了吉尔伯特研究磁体的高度。进行过多次实验后，他分别罗列出那些能导电和不导电的各种材料。他的研究工作在当时很有价值，但是不如吉尔伯特的研究谨慎严密。可能受到先前的职业影响，格雷认为颜色对导电性也有作用，相比蓝色、绿色和粉色而言，红色、橙色和黄色的物质导电性更好。

不管怎样,其他人开始重复借鉴格雷的实验,这将演变成科学研究领域的一项传统。其中值得一提的是法国人夏尔-弗朗索瓦斯迪费(Charles-François Du Fay)。他是巴黎科学院的成员,其家境富裕,才气出众,做事一丝不苟,各个方面都是当时自然哲学家的典范。曾经的军旅生涯使迪费失去了一条腿,之后孜孜不倦地致力于科学事业,并且一贯作风严谨。迪费才思敏捷,在世时间不长,却精通化学、解剖学、植物学、几何学、天文学、机械工程学和古代史。最后,他的兴趣转向了电学,利用自己找到的导电材料重复了格雷的一些实验,并修正了当中的一些瑕疵,接着开始自己做更加复杂的实验。迪费也发现了电释放的两种形式——他称为“负电”和“正电”。迪费所做的实验虽然详尽,本人却认为自己没有办法弄清电的实质。他的实验成果足以使其确信找到了解开谜团的线索。1737年,迪费在最后的回忆录中写道:“电是一种普遍波及我们所有已知物质的特性,它对宇宙运动机制的影响力远远超乎我们的想象。”

　　1745年,某种程度上的突破终于发生了。埃瓦尔德·尤尔根·冯·克莱斯特(Ewald Jürgen von Kleist)是波美拉尼亚地区(Pomerania,现分属波兰和德国)的天主教坎明分会的教长。为了推进科学实验,他提出了存储电力的设想,并首先从迪费的发现入手,即水对电具有自然的亲和力。储存电荷的研究工作开始仅仅一个月,克莱斯特在信件中便把这样的装置介绍给一些朋友,包括物理学家兼医生的利伯许恩(J. N. Lieberkühn),“如果在小口的药瓶中插上铁钉或硬金属丝,通电后会产生剧烈反应。玻璃瓶必须非常非常干爽。如果瓶内加入汞或酒精,实验效果将更加明显。瓶子离开发电机后马上爆出火花,小小的亮光能照亮屋内周围6步的范围。”

　　克莱斯特无意中发明的是电容器,也是一种电池。他用类似居里克发明的静电发生器给铁钉充电,内部的自由电荷形成发出微光的电晕。不幸的是,收到信的人都不能成功再现他的实验过程。克莱斯特可能没有提到或是未注意到关键的一点:通电时瓶子的外部必须有效接地,比如用手握住它,实验才会有效[①]。

　　接下来登场的是一位天才而又缜密的实验家,莱顿大学教授彼得·范·米森布鲁克(Pieter van Musschenbroek)。他生于显赫的仪器制造商之家,主要生产望远镜、显微镜等仪器。他的老师威廉·雅各布斯·赫拉夫桑德(Willem

---

[①]　开展此类实验的并非克莱斯特一人。博斯读过迪费介绍过的水能吸引带电玻璃杯中电荷的现象,设想进行反向实验,并使水带电,但是水中的电荷很少能够被传导出来。苏格兰的戈登也试验过两种静电机,并试图在充满水的容器中储存电。

Jakob's Gravesande）是牛顿的学生，也是数学家和物理学家。

正如记载于书信当中的多数科学话题一样，有关早期电储存装置的发明细节却众说纷纭。已知的是米森布鲁克尝试过英国人的一些放电实验。据说友人安德里亚斯·库内乌斯（Andreas Cunaeus）前往实验室看望过米森布鲁克。库内乌斯是地方律师，也是业余的科学家，他想在家里复制博斯的实验，因为没有助手，在为手中的瓶子充电时受到强烈的电击。"……突然的冲击使我的大脑空白了几分钟"，相传他写过这样的实验报告。两天后，米森布鲁克重复了库内乌斯的实验，他用大号的球瓶替代了小瓶子，遭到威力更大的电击。另一种传说更为可信：米森布鲁克自创了实验装置，实验助手很可能就是库内乌斯。

这一新发现的消息迅速传遍欧洲。1746年1月，米森布鲁克在给巴黎科学院同事的一封信中汇报了一些气象学观测结果之后，没有浪费空余的信纸，又写道：

> 既然这页纸没有写满，我想介绍一项可怕的新实验，奉劝您千万不要自己尝试。因为我亲身体验过，仁慈的上帝救了我一命，在法国的国土上我是决不会再试验了。为了验证电的威力，我用丝线悬吊起一段铁管（据说是枪管），旁边有一个快速旋转、受到摩擦的球瓶……从一段铜线的一端把电传递给铁管。我用右手拿着装水的球瓶，铜线的另一端浸在水里，用左手手指触碰铁管上噼啪跳动的火星。这时右手受到一股强大力量的冲击，整个身体就像被雷击一样颤抖起来。冲击力一般不会震碎薄薄的玻璃瓶，也不会把手撞开，但是手臂和身体的那种感觉真是难以形容。我觉得自己已经完蛋了……已经对电了解如此之多的我却无法理解，更无法做出解释。

其实米森布鲁克发明的就是存储电能的电容器，其工作原理很简单：玻璃瓶是不导电的材料，电工专用术语称绝缘体或电解质，内部包裹着一层金属（导体）。从外部拿着玻璃瓶的人起到了接地作用（后来用另一块金属取代）。米森布鲁克把静电机上的电流导入插在瓶中的导线，从而为内部的金属层充电。当外面的金属或人手与导电体相连后，电子就由内部冲到外面，这就是电荷的放电现象。

米森布鲁克的操作实质上是克莱斯特的翻版，但是他在信中进行了详细的介绍，使得他人也能轻易重复那个"可怕的实验"，所以得到了科学界的认可。当然，欧洲的科学家们很快如法炮制，用自己安装的放电瓶体验那种刺激的可怕感受。在那封信的原文中，一贯注重细节的米森布鲁克强调，只能使用德国造的玻璃瓶，但是旁人很快发现，几乎任何类型的玻璃瓶的实验效果都不错，与其产地根本无关。

尽管当时米森布鲁克等人不能透彻理解其中涉及的物理学知识，但是他们立刻认可了那种装置的价值所在——那是研究电学的新途径。与其他现有设备或带静电的玻璃棒和圆球的放电现象相比，玻璃瓶释放的电流虽然短暂，能量却更强大，也更便于研究。

　　短时间内，法国和英国都研制出了"莱顿瓶"（问世不久后的称谓），当时通报的电击反应还包括流鼻血、瘫痪、痉挛等极端后果。人们普遍认为莱顿瓶的法国发明者是物理学家、皇家电工让-安托万·诺莱（Jean-Antoine Nollet，正是因为其神职身份，宫廷才容忍其科学研究工作）。诺莱在后来的实验中对麻雀进行了电击，交给外科医生分析后发现麻雀体内的变化类似于遭雷击后的人体变化。

　　诺莱为了取悦法国国王，试图在180名卫兵间传输电流，"……他们在同一时间有了感应，电击使他们立即跳了起来。"巴黎的另一位实验家路易-纪尧姆·勒莫尼耶（Louis-Guillaume Le Monnier）用一根铁丝将加尔都西会的修道士串联成约1.61千米长的队伍，然后成功地对他们发出电流。

　　实验家们继续研究玻璃瓶中电的秘密。勒莫尼耶在一次实验中设计约1.61千米长的电路，并打算测量其中电的传导速度。由于电荷运动得太快，他仅估算出其速度至少是声音速度的30倍。他又在水中试验过传送电流。皇家学会的实验家们把瓶子放到河里，试图测量约3.22千米距离内电荷运动的速率。有一位法国实验家进行过怪异的实验，目的是验证这一滑稽理论：给阉人通电是根本做

莱顿瓶示意图

不到的！最后招募到一名阉人歌手，并站到两名正常人中间。通电后歌手也和同伴一起跳了起来。

莱顿瓶成为科学实验和改进的对象。德国物理学家丹尼尔·格莱拉特（Daniel Gralath）发现几个瓶子平行连接起来后能增强功率，并最先把那组装置称为"电池组"——借用了军事用语"炮组（battery）"。他又发现实验中的瓶子内外必须干燥洁净，凡是非油性的液体均可代替水，而且容器的形状不影响效果。实验者在动物和蔬菜上试验了触电的反应。诺莱从实验中得出的结论是：电荷作用下的植物生长速度变快，而受到电击的猫则体重减轻。

大约在同时，英国皇家学会也进行了相关的认真研究。发现电回路的是爱好植物学的威廉·沃森（William Watson），他在进入科学界之前曾是药店学徒，后来创办自己的产业。有贵族背景的亨利·卡文迪什（Henry Cavendish）为人难以接近。为了研究不同金属的导电性和电的性质，他利用莱顿瓶史无前例地进行了一系列实验，但是并没有公开大部分实验内容。莱比锡大学的希腊语和拉丁语教授约翰·海因里希·温克勒（Johann Heinrich Winkler）爱好科学研究，取得了若干重要发现，包括在多重路径可选的条件下，电流总是选择导电性最佳的那一条。

具备了储存电荷的能力之后，尽管时间很短，但找到如何利用电能的办法也只是时间问题。本杰明·富兰克林在实验哲学领域的同事、新教浸信会牧师埃比尼泽·金纳斯利（Ebenezer Kinnersley）发明了一种轮状结构，其边缘的套管接触到连接莱顿瓶的导线时，轮子就会转动；另外一种发明是玻璃制成的，能够起到鸣钟作用。

爱好者和专业科学家致力于测量电输出的量值。法国当时的顶尖实验家诺莱制造出了可称之为"验电器"的装置，能够测量由莱顿瓶引出的两根悬垂通电细线投射到屏蔽物上的运动。英国也出现类似装置，其特色是使用了木髓球，运行原理与戈登和富兰克林鸣钟完全相同。其他如静电计之类的仪器则使用细金属针测量电荷的强度。

人们发明各种装置的用意是要测量电流，可是并没有完全清楚电流的实质。尽管这些装置很粗糙、不够精确，但也为实验者提供了一定的方法，以便研究莱顿瓶存储电能的输出问题。

欧洲的科学研究在蓬勃发展，在有关莱顿瓶的信息通过信件和学术期刊不断传播之际，美国的科学界仍然是一潭死水。知识界对科学的兴趣的确在不断提升，但是根本达不到欧洲的层次。实验哲学在英法两国是热门，在美国却不然。美国当时没有任何学术团体，而人们闲暇时总有别的消遣方式。即使在纽约、费城或波士顿这样的大城市里，科学创新也很少出现，而身处社会主流的商人们没有时间和心情投入到毫不实用的电学研究之中。

1743年夏，富兰克林碰巧出席阿奇博尔德·斯宾塞（Archibald Spencer）博士在波士顿举办的展示会，有一项内容就是霍克斯比所用的玻璃棒。斯宾塞是来自爱丁堡的知名访问学者，会上公开重复了格雷的几项实验，包括用绳子悬挂一名男孩参与活动。科学的诱惑力一定无法抗拒，因此富兰克林也产生了兴趣，几乎全身心投入到电学实验当中。1746—1752年，实验占据了他的全部生活。

富兰克林的朋友彼得·柯林森（Peter Collinson）寄来一根玻璃棒和最新的科技文献。柯林森本是伦敦的布商，代理富兰克林在费城图书公司的业务，也是皇家学会的成员，正适合充当接近欧洲科学界的渠道。他的兴趣不是电学，而是植物学，但是为人热情，积极支持富兰克林的工作。

一年当中，富兰克林通过书信与柯林森详细探讨自己的新发现。较早的通信曾在皇家学会传阅，却没有刊登在《哲学会报》上。收到来自英国的玻璃棒后，富兰克林又委托别人用当地的普通绿玻璃制作了同样的玻璃棒。有传闻说他试过用鹿皮摩擦玻璃棒生电，不久又改为类似居里克发明的静电机，那也是当地银匠制作的。

"我以前从未做过任何科学研究，可是后来全部的注意力和时间完全用在了电学研究上，"富兰克林在1747年写给柯林森的信中说，"有时候独自做实验，有时向朋友和熟人们演示，他们都因为热衷新奇事物而络绎不绝地登门造访，使得我接连好几个月无暇处理其他事情。"

富兰克林也开始痴迷于莱顿瓶。在助手金纳斯利的配合下，他着手改进莱顿瓶的设计。其中一人在瓶子外表贴上了一层金属箔，彻底代替原来接收电子的阴极——实验者的手。接着在一次开创性的实验中开始研究那股神秘力量和莱顿瓶的原理。那种强大的电荷——"飘忽不定的流体"——究竟驻留在瓶子的什么地方？为莱顿瓶充电之后，他开始仔细分析，在每一个部件上检测电荷是否存在，甚至换掉带电瓶中的水。

根据信中的内容，他发现电荷产生于莱顿瓶组件的共同作用，即由绝缘的玻璃分隔开的两层金属面。电荷从一面向另一面的运动过程中释放出能量。用现在的话来说，富兰克林所做的就是莱顿瓶的逆向工程。一旦明白了莱顿瓶的原理，如果抛开现象背后的科学实质，改进工作其实并不难。

我们现在制作出了所谓的"电池组"，它是由11片两面贴有薄铅版的玻璃组成,用丝绳固定后间隔5.08厘米竖直摆放,绳子上的铅制钩子使临近的两片铅板搭接在一起,用导线将所有铅板串联后,整个系统就可以进行统一充电,其操作过程与一块玻璃板的装置完全相同……

然而,富兰克林早期的一项发现却为他赢得了意想不到的声誉:有尖锐端的物体要比平面的更易于吸收和释放电荷。起初他认为接地的尖头金属棒实际是把附近云层中的雷电吸引过来,然后使电能向地下耗散,从而减轻雷电的危害。他发现招惹雷电袭击建筑物的正是起保护作用的避雷针。尽管意识到了这一点,但是在实验室里用莱顿瓶来破解这一自然现象是一回事,离开实验室并向公众普及科学却是另外一回事。

人们当时仍从宗教的角度看待雷电,将之视为恶魔或天神发怒时抛出的东西。富兰克林时代的虔诚信徒们毫不怀疑邪恶的闪电是天神唆使的结果。如果上帝想要一栋建筑遭到雷击,那么富兰克林和他的玩意就无权颠覆上帝的意愿。这并不意味着要否定安全避开雷击的善举。教堂经常是某一村镇的制高点,为了使其免遭雷击,大家一致认可的办法是敲响教堂的大钟,认为钟声或许能使乌云消散,避雷消灾。虽然虔诚敬神的办法令几名敲钟人丧命于雷电的打击,可是富兰克林的科学研究无疑是冒犯神祇的。早期教堂仪式中的圣钟以及祷告声能"减轻冰雹、旋风和暴风雨的破坏力,阻止凶恶的雷电和狂风,并消解风暴的威力"。

富兰克林因此受到教会的声讨和舆论的谴责。1755年11月18日,波士顿发生了地震(又称安海角地震),不止一位牧师指责富兰克林,宣称是他把天上的雷电引到地上并引发了地震。教堂的牧师托马斯·普林斯(Rev. Thomas Prince)在一次主题为"地震——上帝的杰作、不满的象征"的布道会上公开斥责富兰克林,人们见识到了科学探究和宗教狂热竟能搅和在一起。普林斯说:"地上的那些铁尖只能招引天上的雷电,竖起的越多,大地招致的雷击也一定会更多。"

因此我们有必要考虑这一点:如果地球上的什么地方积聚的这种可怕物质越来越多,是否会引发更为严重的地震。波士顿立起的避雷针要比新英格兰地区的任何地方都多,波士顿好像震动得更剧烈了。啊!我们躲不开上帝的万能之手!假如想避开雷电,我们就不可能生存在地球上了。没错,它的毁灭性变得更强大了。

富兰克林的理念甚至与英国国王乔治三世产生了矛盾。在国王看来,既然避雷针的尖头没有必要，或许还有危险性，因为它们能吸引雷电。他提出应使用平头的避雷针，所以英国的避雷针都改成了平头的。250多年后的今天，最新的科研证明平头的效果确实好。

富兰克林并不是唯一发明避雷针创意的人，捷克牧师普罗科普·迪维（Prokop Divi）也独立产生了这一创意。可是人们记住的只有饱受批评的富兰克林。

当时的批评之声不绝于耳。即使受到美国宗教界和英国王室的谴责，富兰克林寄给皇家学会的信件和报告却得到不同的评价。学会宣读论文"闪电与电的同一性"时遭到嘲笑，而柯林森先生却坚定地支持富兰克林。由于大部分信件无法在《会报》上刊登，柯林森便向爱德华·凯夫（Edward Cave）求助。后者是英国第一份面向大众的通俗杂志《绅士杂志》的发行人。

凯夫的父亲是鞋匠，而他自己在创办杂志之前便成功转行。杂志社位于伦敦圣约翰门一带，凯夫上班和吃住都在办公室里，据说很少迈出大门。他首先是商人，对接触到的任何事情都有敏锐的判断力，比如作家塞缪尔·约翰逊（Samuel Johnson）的价值就是他发现的。有关电学实验的消息吸引着公众的注意力。帝国的殖民地竟然也在进行此类实验，这也让英国人觉得好奇。

凯夫答应出版富兰克林的书信，它们被编成薄薄的一册，名为《关于电的实验与观察》，由皇家学会会员、法学博士本杰明·富兰克林在美国费城完成，附有若干哲学主题的书信和论文，经过修改、整理和完善后首次结集出版，售价为2先令6便士。

这本书比小册子稍厚一点，不久被译成了德语、意大利语和法语。某些实验和结论极大冒犯了法国宫廷里的诺莱，他最初认为美国殖民者和商人所搞的科学研究一定是骗局，然后就写了一些小册子加以批驳，可是并没有重复那些实验加以验证。

富兰克林对诺莱的反对好像并不在意，理智地写道：

> 指望他（诺莱）马上相信美国人的研究结果是不现实的，他说那一定是巴黎的对手们伪造的，目的是诋毁他的方法，并怀疑在费城真的有富兰克林这样一个人。得到确认之后，开始写信并加以发表，主要是写给我的那些信。在为自己的理论进行了辩护的同时，否认我的那些实验以及所导出结论的真实性……我决定不再理会那些论文，觉得把时间从公共事务中抽出后，应该用在新实验上，而不是与人争论那些已经过去了的事情。

那本书里面包括历史上最为有名的实验，目的是想证明闪电的电属性。

先把两根细杉木条绑扎成十字架形状，其末端四点的长度正好要达到一块大号的薄丝手帕展平后的四个角。四点与手帕绑牢后，一个风筝的主体就有了。加装好尾巴、线绳和绕线轮并加以调整后，它能像纸做的风筝一样放飞起来。因为风筝是丝绸材质的，适合在雷雨天放飞，能经受潮湿和狂风。十字架的竖条上端固定一段尖头金属丝，让它在树林上空飞起大约一英尺（约0.3米）高，用手拉住风筝线末端的丝带，丝带与风筝线绑接处可以挂上一把钥匙。放风筝的时机选在雷雨前的起风之时，而且牵线的人必须要站在门内、窗后或掩蔽物下，以保证丝带不被雨水淋湿，还要注意风筝线不能接触门窗的边框。一旦雷雨云接近风筝，尖头导线将从中吸引闪电，风筝和线绳便会通电，原来线绳上的纤维都将竖立起来，手指接近时会吸引它们。雨水打湿风筝和线绳后，二者变成了良好的导电体，你会发现手指接近时电会从钥匙上源源不断地导出。可以用它给小玻璃瓶充电。引下来的闪电能点燃烈性酒，也可以用来进行其他所有的电学实验，不用再借助摩擦玻璃棒或玻璃管来得到电。电这种物质和闪电之间的共同之处完全得到证明。

与流行的传说相反，做风筝实验的第一人并不是46岁的富兰克林，而是来自法国波尔多的托马斯-弗朗索瓦·达利巴尔（Thomas-François d'Alibard），他看到了勉强翻译过去的美国人提出的实验内容，然后决定自己试验一下。在巴黎城外的田野里，他建造了一个岗亭，上面有一根约12.19米长的铁棍与莱顿瓶相连。

就在1752年5月10日，一场雷暴来临了。达利巴尔把一名前龙骑士留在岗亭里后便自己离开了。雷电击中铁棍后，那位老人大为惊骇并大声呼救，本地的神父和一小群人顶着暴风雨赶来帮忙。沉着的神父代替老人完成了实验。"在多人见证之下，我用了大约4分钟重复试验了至少6次，"他写道，"每次实验都历时很短，没有实际的效果。"

法国神父用一段导体把电从莱顿瓶引出后，实验获得了成功，得到的证据是确定无疑的。达利巴尔身边的那位神父是最合适的见证人。实验成功的消息很快传播开来，富兰克林后来才知道他成了法国人在几周时间内不变的祝酒对象。达利巴尔向法国科学院递交的报告中最后承认："富兰克林的理论不再是无端的猜测。"

一个月后，还不知道法国人已经实验成功了的富兰克林自己又做了一次实验。流行的神话又一次轻易地进入了人们的视线。他的儿子威廉（充当过身边的助手）出现在多数记载中，被描绘成渴求知识的孩子。实际上，威廉是非婚生子女，其生母到现在仍是未解之谜，风筝实验之时已经长大成人了。

正如早期科学发展的多数情形一样，一些人认为富兰克林的实验仍然存在着疑问和争论。15年后，《电学历史与现状》才全面记录了这一实验内容。该部巨著包括两卷内容，其作者为英国科学家约瑟夫·普利斯特利（Joseph Priestley），经过富兰克林编辑（也有人说是主要著作人）。那么问题是：为什么富兰克林多年后才公布其实验结果呢？

很显然，他不知道实验的危险程度有多高，或者没想到过发表一份类似免责声明的文字。在俄罗斯，受雇于沙皇的德国科学家乔治·威廉·里奇曼（Georg Wilhelm Richman）试图重复风筝实验时被烧焦了，成为历史上首位在实验过程中因电致死的科学家。沙皇立即明令取缔了一切电学实验。

法国人把富兰克林奉为科学英雄。最早断定闪电属性的并非只有这位一夜成名的美国人，牛顿等人也提出过同样推断，但是富兰克林用实验进行了证明。北美殖民地和欧洲都给予认可。哈佛大学、耶鲁大学和威廉-玛丽学院相继授予他荣誉学位，曾经嘲讽富兰克林理论的皇家学会也向他颁发"科普利奖章"，并接纳其为会员。

"《闲谈者》（早期殖民地时期的一本杂志，宗旨是……'揭穿一切狡诈、虚荣和矫情的伪装'，把读者引向基督徒的美好生活）讲过，人们发现一位女孩突然间开始骄傲起来，却不知其究竟为何，后来才知道她得到了一双漂亮的吊带丝袜，"富兰克林说，"……同女孩不同，我觉得自己没有足以骄傲的理由；对于穿袜子的人来讲，帽子上插的羽毛再好看也不如吊带丝袜有实际作用。"

富兰克林完成电现象研究之后，新创了一些相关术语，如"带电""电荷""蓄电""放电""电火""触电"和"电工"等，最起码在英语中最早使用了诸如"电池组""导体"和"通电"等词汇，同时也找到了迪费的"负电"和"正电"的英语对应词。

被伊曼纽尔·康德（Immanuel Kant）称为"普罗米修斯再世"的富兰克林没有真正的直接后继者。由于地处蛮荒之地，远离皇家学会和巴黎科学院之类的团体，美国仍然是逐利商人和工匠们的天下。电是不能马上让人受益的东西。

欧洲的情形则非常不同。自然科学已经在18世纪末确立了牢固的地位，受到尊崇，至少可以满足那些身家雄厚的人的好奇心。正如查尔斯·达尔文（Charles Darwin）的祖父、博学的哲学家伊拉斯谟·达尔文（Erasmus Darwin）所言，年轻女士们专门参加自然哲学家的讲座，想必和学习乐器或素描基本技法一样,同样能提高自身修养。电学的实验演示继续吸引大群的观众,他们富于科学精神和好奇心。静电发生器和莱顿瓶的设计简单,那些有钱的爱好者便希望自己操作那些实验过程。尤其在英国,数学和从实验室中起步的工程学方面的基本原理已经发展到市场化的阶段。在几十年间(从18世纪中叶至19世纪初),随着工业革命开始生根和壮大,原来以农业经济为主的英国已经转变成为新兴的工业化国家。

尽管化学、数学和水力学在不断发展,并充分应用到追求功利的商业领域,电仍然是一股神秘的力量,根本没有什么经济效益可言。

青蛙的传奇

实验的语言比任何推理都具有权威性；事实足以摧毁我们的各种推论——反过来却不是这样。

——亚历山德罗·伏打

说到电池的历史，必须提到路易吉·伽伐尼（Luigi Galvani）在1786年的发现，我们能找到不止1个，而是3个故事版本。科学史专家也喜欢精彩故事。苹果掉落在牛顿的头上，阿基米德在浴缸里灵光闪现，除了存心不良之辈，无人会因为此类传说而否认他们的贡献。只要科学建立在坚实的基础上，那些传说又有何妨。

其中一个版本是：伽伐尼正在实验室里准备享用午餐，包括美味的青蛙肉。他发现餐刀接触过的主菜青蛙的腿竟然抽搐了一下。另一个版本则有些刻薄，当伽伐尼在给有恙的妻子准备午餐时见到了同样现象。第三个版本却更加可信：意大利博洛尼亚的这位解剖学和妇产科学教授在实验室中准备解剖金属盘上的一只青蛙，他用手术刀碰到已死的两栖动物时，它的腿明显而又出乎意料地抽动了。

伽伐尼首先想到了附近的静电机，可能有电流从那里转移过来并作用到几步外的青蛙神经。考虑到当时的研究水平，这种理论并非完全没有道理。毕竟前几年他证明了神经冲动的原理与电相关。在那次实验中，他利用静电机使一只被部分解剖的青蛙运动起来，刺激部位是由下背部通向腿部的神经。

伽伐尼也不是第一个观察到这个现象的人。1752年，荷兰生物学家和昆虫学家扬·斯瓦默丹（Jan Swammerdam）目睹过

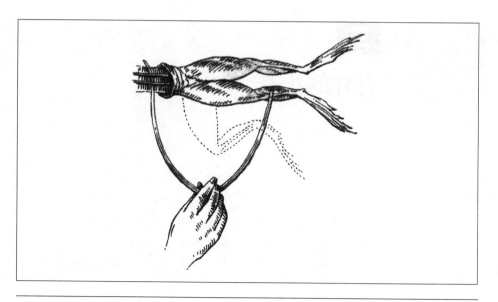

伽伐尼解剖的青蛙

同一现象，在其著作《自然圣经》中只是简要提到过抽搐效应。在较早的一些莱顿瓶实验中，动物肌肉在电刺激下的震颤效应也同样被人们发现了。伽伐尼给那些较早的实验做出了解释，认为接通电流后，引发收缩的应该是神经，而不是肌肉。

伽伐尼在解剖刀下所发现的是完全不同而且更加复杂的现象。在一系列的实验过程中，他很快排除了静电机，并发表了一篇论文，认为青蛙腿的抽搐是腿部神经和肌肉间形成的完整回路的作用。经电路传来的电积累在肌肉中，然后引发了抽搐。根据1791年发表的论文《论电对肌肉运动的作用》，青蛙腿的肌肉起到了充电莱顿瓶的作用，从而激活了神经。

伽伐尼说："如果把一根肌肉纤维比作小莱顿瓶或类似的带电体，带有双重和性质相反的电荷，并在一定程度上把神经视为莱顿瓶的导电体，那么所有的肌肉纤维就可以比拟成一大堆莱顿瓶。这样的假设不算荒谬，也不是完全没有根据的"。

伽伐尼当然错了。但是电荷是从哪里来的呢？人们已经证明了电会刺激神经，那么电一定有其来源。唯一的外部电荷来源（静电机）被排除之后，那么很有可能就是肌肉。同时在意大利的另一端，多种科研工具的创造者亚历山德罗·伏打（Alessandro Volta）教授，反对伽伐尼的理论，直接驳斥为"荒诞不经"。

伏打出生于一个伦巴第家族，最初受到耶稣会士的吸引，之后在叔父的引导下学习法律，后来开始钻研科学。学生时代的伏打便表明了自己的志向，他通过一首诗歌颂了自然科学,尤其是化学和电学背后的理想。青年时期的他在笔记当中反复思考过动物的灵魂问题,提出动物和人一样拥有精神力量,这不可能在耶稣会得到支持。

伏打表现出早熟的志向,十几岁便开始主动地联系欧洲主要的科学家,尽管很少收到他们的回应。为了阐述自己各方面的科学思想,他写信给诺莱等人,却得不到多少鼓励和肯定。这没有使他退缩,反而继续进行科学研究。

过了一段时间,青年人的那股激情多少有所消减,他从那些宏大理论中脱身出来,开始制作仪器,以便探索自然界的种种谜团。因此,到了中年后,伏打的第一身份是工具主义者,其次才是理论家。他所学的理论都是有风险的命题,而通过工具却能不断得到可靠的结果,整个欧洲科学界正流行着工具主义哲学观。由于仪器设备等工具已经变得更加可靠、更加标准化,科学研究的重点从理论转向了实验。伏打最喜欢的一句格言是:"实验的语言比任何推理都具有权威性;事实足以摧毁我们的各种推论——反过来却不是这样。"

看到伽伐尼的文章时,身为帕维亚物理学教授的伏打已经人到中年,同时也是知名的仪器制造大师。他的仪器在富有的业余爱好者和专业的科学家当中均受到钟爱,虽然原创性不太突出,但是制作得精美漂亮。对现有仪器工具进行改进提升是他的专长,这是多年苦心努力钻研的结果。

伏打的声望还在于推出产品的方式总是一丝不苟。每一件仪器,例如产生静电荷的起电盘,他都备有精确的使用说明,并详细列出该仪器可进行的实验内容。他颇具自我推广能力,设法让有实力的人士接受自己的仪器设备,甚至为了演示产品而四处奔走。

伏打对医生们搞的所谓科学研究深表怀疑,可是在同事的强烈要求之下,还是在1792年成功地复制了伽伐尼的实验,但仍然持保留意见。他承认青蛙腿可能真的抽动过,但那肯定不是因为肌肉中的电流作用,一定还存在其他的原因。于是便产生了争论。

对于双方而言,这场争论显得很奇怪。敢于探索物理学的伽伐尼是解剖学家,而物理学家伏打却跨界到了解剖学领域。科学在文化底蕴深厚的欧洲可谓是阳春白雪,科学界很快便围绕双方形成两个阵营。

伏打一直严格坚持着科学的实验方法。他发现青蛙实验中产生的电流不是某一部分,而是全部实验因素共同作用的结果,而他的方法和富兰克林拆解莱顿瓶差不多。通过一系列的实验,他系统地替换了伽伐尼原始实验中的不同要素,然后发现秘密不在于青蛙,而在于两种性质相异的金属。

伏打认为,解剖青蛙时不存在"电流不均衡"问题,青蛙的作用只是被动的,它在瞬间检测到了两种金属间的电流强度（电平）。在伽伐尼最初的实验中，手术刀和解剖盘两种金属通过一种导体，大概是青蛙的体液或组织，碰巧连接在一起。氧化作用使一种金属失去电子，同时另一种金属获得了电子，青蛙的神经对电流做出了反应，充当了一种高度敏感的电压表的作用。

他把两块不同金属材质的硬币放在舌头上，明显感觉到电荷产生的刺痛感。接着开始在不同金属间进行组合，以确定哪两种金属配对后会产生最强的电荷，按其喜欢的说法是"电动势"。他发现银和锌在一起能产生最佳的效果。

伽伐尼的错误可以理解，因为他只是在寻找"电流"的源头，并以为源头就在不久前存活的组织当中，根本未考虑没有生命的金属。"总之，他（伏打）所考虑的都是金属，完全排除了生物体；就电流不均衡现象而言，我更倾向于后者。"伽伐尼总结这场争论时说。

遗憾的是，伽伐尼决定要检验一下空气中的电荷能否导致青蛙腿抽动，所以离正确的研究方向越来越远。他用铜钩把多条青蛙腿固定在铁栅上，仅观察到微弱的抽动。

1794年，史学家相信伽伐尼又进行了深入研究，他在一本匿名小册子中声称，在周围没有任何金属物存在时，依然观察到青蛙腿的动作，当时触碰的只是腿上的坐骨神经和肌肉。我们现在回顾当时的情况，可以视其为孤注一掷的策略，因为他为自己的理论投入了过多的精力，却不能提出强有力的证据，不然他为何要匿名发表呢？

另一方面，与之观点相左的伏打的投入也很深，但要证明自己的双金属理论也有难度。如果要给出确切证据，就必须复制无青蛙条件下的实验。从理论上讲，完成实验并不难，只需将无辜动物的潮湿组织换为其他材料即可。虽然看似非常简单，但青蛙腿还起到了检验金属间电流的电压计的作用。青蛙对电的产生并未起到重要作用，但是检验电输出的作用却绝对关键。除了青蛙以外，当时的确没有同样敏感的仪器能对低压电流做出反应。

伏打改进了英国化学家、科普作家威廉·尼克尔森发明的静电计（又称验电器）。静电计的结构简单，其中的两段金属管在电流通过时会相互吸引。伏打的静电计用麦秸管替代了尼克尔森所用的金属管，后来又发明了检测大气电的简便仪器，自命名为起电盘，并与新版的静电计组合在一起，起到采集电荷的作用。这种仪器的主要部件是放置在大理石之类的绝缘平面上的一块金属盘。在弱电源充电的过程中，如果把金属盘提起来，那么上面积累的电荷会大于其输入电流。这种组合仪器被伏打称为"微验电盘"。

在此期间，伏打从莱比锡的一位书商那里订购了一些书刊，其中包括尼克尔森的《自然哲学、化学与艺术学刊》。作者在书中细致地介绍了鳐鱼放电的大致原理。古人早就注意到这种鱼的发电现象。按照尼克尔森的描述,电鳐身体内生有500～1 000条扁形的电性相反的特殊组织,由薄膜分隔开来。作者甚至推测出"电鳐确实像一部机器一样在工作……",并列出了每个对应的功能部位。在介绍电鳐放电原理的过程中,实际上就是剖析的过程,尼克尔森勾绘出真正电池的最早蓝图。

争论双方的支持者当中同时流传着认可和驳斥两种理论分歧的文章。伽伐尼在后期的论文中提出了电的两种类型——动物电和常规电。这位医生没有完全退让,但出于社交考虑也表示出一定的妥协,喜欢实验和事实的人或许厌倦了无休止的争论。

伏打仍在极力证明自己的理论,同时也表达了让步的意思。他承认动物电的存在,但不认可伽伐尼的描述方式,即电积累到肌肉中,尤其是肢体和小块的肌肉当中。当然,他接受神经能传导电流,却否认电流来源于肌肉。

争论持续的时间可能过长了。伏打的婚期被拖延到49岁,然后3年间很快有了3个儿子。法国入侵意大利后,占领军关闭了帕维亚大学,研究工作也一度被耽搁。

伽伐尼去世两年后的1800年3月20日,伏打彻底了结了那场争论。在一篇用法文(欧洲科学界的通用语)写成的3 000字的书信中,伏打详细介绍了一种实用电池的构造。这封信的收件人是皇家学会的主席约瑟夫·班克斯爵士(Joseph Banks),二人初期保持着通信联系。很多会员都在使用伏打研制的各种器具,而且伏打之前就获得了学会的至高荣誉——科普利奖章。不久后的第二封信长约5 000字,附上了相应的图解。伏打比较了自己的新发明和电鳐的结构,但他之后却不太经常进行这样的比较。电池在科学研究中的价值由此开始显现。

电池本身的简单性着实不可思议。在第一封信中,介绍电池构造的文字不到400字。当年的5月30日,伦敦《纪事晨报》的记者在最初描述伏打的发明时,用了不足150个字。

事先备好的若干锌片,大小与2先令6便士的银币相同,还有剪成同样大小的圆形纸板。桌上先放锌片,上面摆放银币,之上再放一片湿的纸板,纸板上又是一块锌片,接着还是银币、纸板……如此交替堆放各40片材料。一个人用一只浸湿的手触摸底端的锌片,另一只手触摸顶端的银币。此人感觉到了强烈的电击,而且每次接触两端时,电击都一再发生。

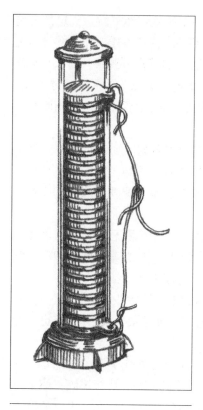

伏打电堆

伏打在给班克斯的信中描述的装置后来成为人们熟知的"伏打电堆"。他在信中接着提出了另外一种设计并命名为"杯冕",实际上也是一种电池,其部件分布在不同的容器中,它们或者堆叠码放,或者并排横列。伏打把电池描述为"可以无休止放电的装置,能够长久运行或释放电流"。

伏打几乎把所有的注意力都放在新装置本身以及生物电与双金属电的争议方面,所以电堆发电的理论只是事后的想法。他充其量设想过两种不同金属间接通后会产生电荷。但是他的理论足以使电池发挥实际功能,并结束之前的争论。

班克斯在4月中旬收到了第一封信(几周后收到第二封),随即开始在友人和同事中间传阅,包括威斯敏斯特医院的医生安东尼·卡莱尔(Anthony Carlisle)。信件从卡莱尔那里传到了尼克尔森手中,二人便于4月30日开始制作自己的电池。依照伏打的详细说明,他们堆放了17个银币、若干锌片和盐水浸过的石膏板。这个电池制作成功后,5月2日又完成了功率更大的一个,其中使用了36个银币,并开始了实验应用。

先期的一项实验成功地使水得到分解——通过电荷把水分解为两种物质。此事在全欧洲成为重大新闻。人们曾以为水就是单一的物质,但借助伏打的发明能证明它是氢和氧两种元素形成的化合物。实现电解水的这种装置(伏打电堆)在许多报告中虽有提及,却并未受到重视。

6月26日,班克斯向皇家学会宣读了伏打的来信。9月份,信件被译成英文并刊登在学会的《哲学会报》上,标题为"论不同导电物质接触产生的电"。这一神奇发明的消息由此得以快速传播。1800年秋,全欧洲的实验师都开始自己制作伏打电池。因伏打是科学仪器制作大师,他人在复制其设计时非常方便。

伏打也获悉了电池的成功,但消息并非来自英国媒体,而是法国的一份官方报纸《环球箴言报》。一贯亲力亲为的伏打前往欧洲各地演示自己的发明,先后到过伦敦、巴黎和维也纳等地。他所选择的时机极其合适,1800年的6月,拿破仑的军队占领意大利伦巴第地区，赶跑了关闭帕维亚大学的奥地利人。1801年末，伏打向拿破仑演示了自己的发明，后者对科学的热心既是纯粹的个人兴趣，也具有公关意义。在某种程度上，这种公开表现出的热情安抚了统治阶层。1810年，拿破仑敕封伏打为伯爵。

伏打的多场公开演示，包括应皇家学会之邀的一次，主要介绍电池的设计和功能，并未涉及相关理论，对于那场延续8年之久的生物电之争也只触及皮毛。他随身携带的电池用衣服口袋便可装下，表明电池可缩小以实现其便携性，但是大体积的电堆或杯冕更能吸引眼球。

其他科学家也开始用电池做演示实验，其中最为奇特的公开展示由喜剧演员艾蒂安-加斯帕尔·罗伯森（Étienne-Gaspard Robertson）完成，他也是业余的科学爱好者。在巴黎有一场名为"罗伯森的幻影集"的演出，尽管期间使用了静电机，但他在模拟游荡鬼魂的玩偶头上安装的"神灯"却成为戏里的亮点。看过伏打电堆的介绍后，罗伯森很快委托他人制作了一台，称其为"金属电柱"，并开始实验。相当怪异的是，他和志愿者用身体的不同部位接触电池，如下颌、眼睛以及"……皮肤娇嫩和敏感的地方"。

欧洲各地都在制作电池，但是如何命名这种装置却没有达成明确的共识。伏打写道："新仪器就应该赋予新名称，不能仅凭其外形，更要取决于实际作用及其依据的原理。"并提议用两个可行的拉丁名词。首选是"organe electrique artificial"（意为人造发电器），类比的是电鳐的"天然发电器官"。第二个是"appareil electro-moteur"（意为发电器）。但它们都没有流行开来。当时突然又冒出来许多新术语，例如"电堆"或"电槽"，还有"伏打堆""伽伐尼电池""伏打电池"等。

伏打从未申请过设计专利。实际上，第一项电池专利在几十年后的19世纪获准，那是在伏打去世后很久的事。当然，申请电器专利的难度之所以大，那是因为申请者必须要展现出装置的实际应用价值。当时为数不多的成功案例常常要列上医学方面的功用。

正是因为电池能连续产生电流，围绕生物电的争论自然被人淡忘了。相比之下，莱顿瓶必须经常性地充电，费时费力，从中释放的也仅仅是静电在一瞬间的爆发。人们很容易用现成的材料完成电池制作，其提供的电流相对持久和稳定，便于实验时的应用。有趣的是，电池的发电原理几乎无人愿意探究，即便是资深的实验师也把大部分注意力放在电的潜在实验功能上，只要能放电就够了。

燃烧的煤炭和嘶嘶作响的蒸汽机是那场工业革命的典型图景。不少人预言电将在医学领域发挥作用，也有人认为电最终会用作动力驱动机器，因为电和蒸汽一样能释放能量。

首先应用电池的并非工业领域，而是科学研究，尤其是化学领域。尚处于摇篮中的电学研究还没有得到人们的充分理解和接受。电池最早被用作一种实验仪器，化学家因此能完善并重新评价现有的理论学说，为现代化学科学的发展奠定基础。

电池走出实验室并发挥重要作用，还需要几十年的时间。那时它将步入一个无法预知的时代——用电报交流信息的电气时代。

四

科学、演技和伏打电堆

除了那颗在王冠珠宝当中闪闪发光的"光之山"巨钻，他们也珍视黯淡无奇的卵石，这是常人没有的智慧，他们和地球绕着相同的两极转动，轴线是平行的。他们现在的玩具是蒸汽和电流。

——拉尔夫·沃尔多·爱默生（Ralph Waldo Emerson），
《英国人的特性》

现如今，科学技术的发展日新月异，令人眼花缭乱，我们对新突破和新进展已没有了新鲜感，所以很难想象19世纪初的普通民众对科学的热情是怎样的。工业革命所创造的奇迹主要满足功利需要，例如提高自动磨坊的产量或机车的速度与载重量等，而科学新发明与发现却展现了更为广阔的前景。

科学就是对世界的一种探索，其范围在19世纪时远远超过了唯利是图的商业和琐碎的日常生活。科学使得人们能以更广、更近的视角理解外部世界，尤其是自然界。科学研究更像探险活动，科学家从很远的地方采集昆虫、动植物标本和文物古董，带回来后进行分类和研究。而化学无疑是当时最富魅力的学科。

现在的小学生会学到水的知识：它是氢和氧结合在一起的产物，覆盖着地球四分之三的表面，舰船在海上扬帆远航，所有生命都离不开这种液体。但是19世纪初，有人发现水是由两种无形的气体组成的，这种真相在直觉上很难为人接受。

伏打电（即原电池电流）的研究工作与其他学科有着明显的不同。虽然还没有完全掌握电的实质，但因为出现了伏打电池和莱顿瓶,人们突然发现了电的不凡潜力,它引发了更深远的思考,也改变了形形色色的实验过程。非专业的期刊和书籍大量涌现,培养了中产阶层的读者群,他们是科学爱好者,痴迷于席卷欧美的工业革命所带来的技术成果和激进的哲学新思想。人们成群结队地挤进礼堂聆听电学方面的学术报告,而报纸在报道时往往会添油加醋。19世纪时,伦敦的学者撰写了许多论文和报告,它们和皇家科学研究所记载的讲座材料以及最新的科学突破的消息成堆地码放在一起。

科学不仅新奇、富有魅力,而且能揭示出世人以前未知的秘密(有人觉得那是在亵渎神明)。为了尽可能吸引公众的关注,科学家想到通过娱乐表演来传播理论和思想的形式。比较有特色的表演者是物理学家乔瓦尼·阿尔迪尼(Giovanni Aldini),他是伽伐尼的外甥,也是生物电理论先期的热心支持者。他所做的实验在惊悚恐怖程度上要超过那些青蛙实验。在一次演示实验中,他从大功率的莱顿瓶上把电流引向刚宰杀的牛的头部,观众们见识到抽搐痉挛的牛眼、鼻子和舌头,被吓得直吸凉气。

阿尔迪尼从地方当局获得刚处决的犯人遗体,便接着进行人体实验和演示。"先切开尸体后颈部,切口位于枕骨之下",他在早期的一份实验报告中写道。那次的实验对象是一名死去不久的30岁男子。

> 用手术钳去除第一节颈椎的后一半,暴露出里面的脊髓。大量血液从伤口涌出并在地板上散开。同时在左臀部的臀大肌上切开一个较大口子,达到能看见坐骨神经的深度,脚踵部再切开一个小口。现在把电池引出的一个电极连接到脊髓,另一电极与坐骨神经接通。此时尸体的每块肌肉马上剧烈颤动起来,就像发烧时的寒战……如果把下面的电极接在脚踵,此前一直膝盖弯曲的大腿在通电时猛然蹬了一下,想要按住腿的实验助手差一点被踢倒在地。

有报道说阿尔迪尼用死刑犯头颅进行过几次实验。先用浓盐水涂湿尸体双耳,再分别接上导线——很像21世纪流行的MP3播放器的耳机,导线另一端连到一组包括100层银片加锌片的原电池。"电路接通后,我观察到死者面部肌肉的强烈收缩,面孔扭曲的方式极其特别,其表情就像是做鬼脸的一个人,"他这样记录,"眼皮的动作异常突出,但是同牛头实验相比还是不够明显。"

阿尔迪尼从博洛尼亚前往巴黎,又来到伦敦,沿途表演着恐怖的实验。他利用人体标本和动物,非常戏剧性地在一些大学和医学院校展现科学实验的奇特过程。虽然那些表演一般不对普通民众开放,但是流行媒体上的猎奇报道依然在欧洲引起轰动。乔治·福斯特（George Forster）因谋杀妻儿被判极刑，在伦敦纽盖特监狱被处决后，被立刻从绞架转移至实验台上，也写入皇家外科医学院的发展历史当中。阿尔迪尼用带电莱顿瓶引出的两根电极刺激福斯特时，死者的双腿、嘴巴和直肠都会紧缩或扭曲。

阿尔迪尼获得了皇家学会的科普利奖章。他从未明确提出要复活死人，严格使用学术层面上的表达方式，如"生命力控制"和"对神经及肌肉系统施加较大作用力"等，这才是得到荣誉的依据。1803年，伦敦《泰晤士报》对他的实验也持保守态度。

> 实验的目的是要证明生物电如果适当运用，能否激发身躯的反应。在有人溺水或窒息的情况下，电击将发挥重要作用，可能恢复肺脏功能，由此重新点燃生命之火。针对中风或者头脑功能紊乱，电对造福人类的前景也是很令人鼓舞的。我们获悉这位教授已经在多起精神错乱的病例中成功地借助了电流的作用。权威的医学人士认为，这项发明如果经合理控制和适当应用，一定能发挥意想不到的作用。

医学及科学界之外的结论常常不会如此细微精确。如果运动相当于生命，那么生命一定能在某种程度上通过电击来重建。死亡有可能不再是生命永恒的终点了吗？对生死之谜仍然没有头绪的19世纪，电流研究有朝一日很有希望将提供一种可能的选择，坟墓不一定就是人类的最终归宿。

英国皇家人道协会（royal humane society）此前已经设立了接收站并会派遣船只救援落水者，后来在手拉风箱和早期心肺复苏术的基础上增添电击项目作为急救手段。诗人珀西·雪莱（Percy Bysshe Shelley）的第一任妻子哈丽特·韦斯布鲁克（Harriet Westbrook）在伦敦海德公园的九曲湖（Serpentine）自杀后，据说为了救活她，对其遗体用伏打电池进行了电击。

在欧美两地受到推崇的电疗法开始恣意地使用到更大范围，诸如从医治阳痿到关节炎之类的病症，效果如何却是存疑的。即使没有科学素养或未使用过专业仪器的人都承认公众对电流等新事物存在盲从和轻信。伦敦的一位大胆企业家推出过电疗项目，他在鱼缸里放入电鳗，每次收费2先令6便士。

追溯到1759年，英国卫理公会教派的创始人和废奴主义者约翰·卫斯理（John Wesley）写出了《渴望之物》（*The Desideratum*），称赞电的治病能力。这本书立即热销，到1781年，已经卖到了第五版。卫斯理称电为"微妙的流体"，完全认可电的神奇疗效。他把4台静电机运至伦敦，用来医治多种常见病患，包括心绞痛、挫伤、足部发冷、痛风、肾结石、头痛、癔症和失忆、脚趾痛、坐骨神经痛、肋膜炎、胃痛、心悸等。书中的结论是："请病人放心试用电疗法应对上述疾病吧，经过（至少）2～3周，由他自己判断此疗法到底是玩弄人的把戏，还是世界上已知的最了不起的疗法。"

在许多医生和观察者眼中，科学几乎就是宗教，只有极少数幸运之辈才能踏入门里。在19世纪初期的伦敦，无人能有化学家汉弗莱·戴维（Humphry Davy）那样的好运。年轻聪慧、理想远大的戴维是知名物理学家约瑟夫·普利斯特利的门生，他发明了一种可降低煤矿爆炸风险的矿灯。这一发明意义重大，因为煤炭是工业革命时的主要能源，煤矿经常发生爆炸事故，造成工人伤亡并影响生产。他又发现了氧化氮气体的奇妙作用，为自己在科学界增添了声誉，同时赢得一些学界大家的友谊，包括诗人罗伯特·骚塞（Robert Southey）和塞缪尔·泰勒·柯勒律治（Samuel Taylor Coleridge）。

戴维的家族处于贵族和劳动者的夹缝中。其父是破产农场主，早年故去。十几岁丧父的戴维先寄养在一位富有的叔叔家里，之后又转到当地的一名外科医生兼药剂师那里做学徒。凭借其运气和才智，戴维后来在科学研究上占尽天时地利。

1800年夏，已经声望斐然的戴维离开家乡康沃尔前往伦敦，并很快在科学界书写新的篇章。1801年，他成为新组建的皇家科学研究所的化学家和助理讲师，开始利用伏打电池做实验。1802年升至教授职位，成为最早的全职带薪的自然哲学家之一。

成立英国皇家科学研究所的初衷是陈列和演示工业进程，实际上就是展现工业革命时期科技进步的开放论坛。这一设想并非全无道理。自18世纪以来，科学已经在通过各种方式为工业企业做着贡献，例如，精确测量重量和温度之类的简单技术就使大批企业受益。然而，当时的专利法规还未明确设立，更无从严格实施，所以公开论坛的出现就引出了一个问题。虽然从科技进步中赢得了利益，但是工业界仍持戒备心理，担心泄露自己的工艺流程，因为那是行业机密。因此，研究所很快转型成为纯科学性质的机构，管理者们拨付足额款项，建立了一个设备一流的欧洲实验室。

戴维在研究所的工作使其名声大噪，俊朗的形象也颇具流行偶像的风范。据说女士们这样形容戴维，"他的双眼里除了坩埚以外，肯定还有更深的神情"。他是严谨的科学家，同样也是表演家；既不是头发蓬乱、闭门苦干后再推出奇谈怪论的疯子（即雪莱笔下的弗兰肯斯坦教授），也不是一身灰尘、步履蹒跚的无聊教授。他给观众呈现的是最稀奇的科学演示，同时将富有激情的演讲才能与无懈可击的表演技巧结合起来。

戴维的举止得体，衣着讲究，同那些蜂拥而来观看实验的观众一样时尚。他与行事隐秘、不修边幅的牛顿大相径庭。因为一位绅士所从事的那些工作仍被视为不务正业的表现，戴维要确保到场听讲座的人真正能配得上自己的宝贵学说和思想，因此开始收取入门费。他封闭了礼堂的一扇侧门，并拆掉了包厢，这些都是为不太富裕的阶层特意安排的。

在拥挤的观众面前就位后，戴维通过伏打电堆导出电火花并引燃少量的火药。两个木炭电极间产生的电弧闪烁，观众最喜欢看到那种耀眼的白光，尽管他们不知道自己看到的就是最早的"电灯"。媒体也称赞并详细报道戴维的演示实验。戴维经常使用充满诗意的语言（他更愿意用所谓的"崇高语言"）解释科学原理成为人们会客时的重点话题。

因为科学讲座太受欢迎了，黄牛党便开始高价倒卖门票。每当举办讲座的时候，车马拥塞研究所旁的亚波马尔街（Albemarle），上演了19世纪版的严重交通堵塞。当局为了解决问题，被迫设立了伦敦第一条单行路。

戴维不仅是天才的科学表演家，也是杰出的实验家。他被伏打的发明所吸引，并对原设计做了改进：在一块金属片的基础上使用了酸性和碱性两种物质，之后开始用新型电池进行实验。拿破仑对伏打的贡献印象深刻，通过法国科学研究所设了奖项，向戴维颁发了奖牌和300法郎的奖金——当时英法两国正在交战当中。

利用皇家研究院的电池，戴维开始通过电荷把化合物的成分分解出来，实际上就是电解实验。通过电解，最终发现了5种新的化学元素，并分离出一些其他元素，例如锂。这项成就是开创性的，具有划时代意义。在对以前难以分解的碳酸钾和碳酸钠进行电解实验取得成功后，戴维简直大喜过望。其助手后来写道："看到小粒的钾从碳酸钾的硬皮上迸出并燃烧起来的时候……他的欣喜无法抑制——因狂喜而在房间里手舞足蹈，过了一段时间才平静下来并继续做实验。"

这样的实验不单确立了戴维的地位，更对法国在科学界的地位提出了强力挑战。因为在18世纪80年代，法国化学家安托万-洛朗·拉瓦锡（Antoine-Laurent Lavoisier）首先把单一元素与化合物区分开来，并开始为已知化学元素排序，所以法国在化学发展进程中的地位可想而知，化学当时就是一门"法国人的科学"。具有讽刺意味的是，英国皇家科学研究所的创立者、生于美国而效忠英王的本杰明·汤普森（Benjamin Thompson）后来却娶了拉瓦锡的遗孀。法国大革命期间，拉瓦锡被人从卢浮宫（Louvre）的实验室中拖出后砍了头。相传法官的说法是"共和国不需要什么科学家"。[①]

戴维的实验证明了电与化学亲和力是一回事。虽然他不是提出这一概念的第一人（这又是拉瓦锡的功劳），却首先证明了这一点。1806年，他证明水分解后只会产生两种产物——氢和氧，它们的比例与合成水的比例完全相同。结论很简单：化合物中的元素靠电的引力结合在一起。这是理解电的本质的重大进步，电是极其重要的一种力量。戴维又扩展并完善了伏打的电学理论，后者曾认为不同金属一接触便会产生电。献身化学事业的戴维则认为那一定是某种化学反应的作用。

像许多组织和个人一样，皇家研究院开始建造越来越大的电池。1808年7月，一组600片装的超大电池刚建成8个星期，戴维要求再建一组更大的电池，在其建议中声称"加大设备规模是绝对必要的"。

身为讲师和实验师的戴维又是热情洋溢、不知疲倦的筹款人。他充分利用英国人的傲慢心理，为自己拉到了多笔资助，游说时把科学比喻成伟大探险途中的航海家和"一片未曾勘探之地，却高贵富饶，是哲学的希望所在……一门内容丰富的学问，还有相关的有用技术"。

拿破仑征服英国后，戴维借机利用民众强烈的民族主义热情筹集到所需的经费，直截了当地把电池称为重要武器，能和法国展开电化学之战、科学之争。同时有报道说拿破仑亲自下令在巴黎理工大学建造了无数的大型电池组。"在某种程度上，一个国家在科学上的荣耀被认为是其内在实力的显示，"他说，"在科学、艺术和军备方面，我们一定要有进取心、有活力和征服一切的精神……同样还要有一股傲气，它能鞭策人们努力去征服自然，保护人们不受欺侮和奴役。"

值得注意的是，科学思想好像能比较自由地流动，轻易地跨越国界，即使是敌对的国家之间也不能阻隔。1803—1815年的拿破仑战争期间，经由走私和贸易渠道，探讨最新科学成果的期刊和书信都能自由传播，英法两国间的传播速度有时候甚至要比同瑞士及法国之间还要快。

戴维的要求得到批准，1809年12月，一组2 000块15.24厘米的方形双层金属片组成的超级电池摆在了他面前。那是当时世界最大的化学电池，其制造经费来源于捐赠给皇家研究院名下的一项基金。

戴维堪称新生代的自然哲学家，他意识到科学能对工业和社会产生重大影

---

① 拉瓦锡兼任过税务官，所以遭革命议会逮捕，与很多贵族一样成为"人民公敌"，有朋友设法营救未果，最后在断头台上殒命。

响。除了重新设计矿灯，他又研究了制革业和农业的一些化学反应过程，1813年发表《农业化学的元素》，还曾试图解决严重威胁航运业的蛀虫难题，其办法是在铜质船壳上连接铁和锌的正电极。

他和同时代的其他人一样，认为科学与艺术没有不可逾越的鸿沟，它们是一个整体的有机组成部分。

> 就所谓的自然属性而言，人类是一种近乎纯感性的生物，只有积极的需求才会使其采取行动，所经历的一生要么是为了满足各种普遍的欲望，要么是无欲无求，或者处于麻木混沌的状态。活着的唯一要务是算计今生而不顾及来世。他们没有清楚明确的希望或者追求永恒和强大的理想；不能找到事物根由的人类或者受制于迷信，或者无声、被动地顺从于自然及其要素的仁慈。天神的恩泽无法与科学和艺术相比，只有后者使人获得力量。

人们预计科学的实用知识还会把持在地位优越的绅士们手中，艺术、历史和文学也同样如此。理论思想是那个时代真正重要的东西，通过科学探索解开自然之谜就是了不起的思想。很多艺术家、作家和诗人们的传统是把全部注意力和创造才能放在了神话主题上，现在却转向了描述科学，而那些一直在实验室当中埋头苦干的家伙们则开始涉足艺术。戴维本人就写过诗歌。他在一首诗中歌颂了大自然，科学探索正在慢慢揭开其神秘的面纱。

> 啊！壮丽而又高贵的大自然！
> 我怎能不真心崇拜你，
> 只因凡夫俗子从未这样做过？
> 怎能不仰慕你缔造的至高无上的一切，
> 怎能不去探求那些神秘的真相，
> 就像诗人、学者、圣贤一样？

威廉·华兹华斯和戴维是朋友。戴维劝说诗人相信科学家和诗人很类似，他们都在探索世界的意义。后来戴维编辑了华兹华斯的《抒情歌谣集》（*Lyrical Ballads*），而柯勒律治却为了研究隐喻前去旁听科学讲座。1820年，美国的爱默生离开哈佛之后，开始最初的日志记载，他把戴维的《化学元素》（*Elements of Chemical Philosophy*）列为必读书目。

雪莱是浪漫主义诗人的杰出代表，在其短暂的一生中，他还是热情的自然科学爱好者。年幼的雪莱把妹妹海伦和她的玩伴们拉过来一起用莱顿瓶做实验。海伦后来写道："他一走过来，我的心都会因畏惧而沉重起来，却羞于启齿。我们会召集尽可能多的人，大家手拉手围在幼儿园的桌旁等着过电。"雪莱的科学热情一直延续到进入伊顿公学和牛津大学的时候，他的房间里充塞着实验用的显微镜和气泵等工具。

后来，他的妻子玛丽也对科学产生了浓厚兴趣，《科学怪人或当代的普罗米修斯》(*Frankenstein, or, The Modern Prometheus*)便是玛丽写的小说。嫁给雪莱的玛丽经常因为年轻而被描述为无知的形象，实际上她一点也不幼稚。玛丽18岁时开始写作《科学怪人》(*Frankenstein*)，小说发表时她才21岁。她的才学并不亚于自己的丈夫。1816年，他们在日内瓦湖畔的迪奥塔蒂山庄(Villa Diodati)度过了一个多雨的假期，同行的还有拜伦以及给人阴险印象的医生约翰·波里多利(John Polidori)。大家在一起编鬼故事的时候，玛丽产生了小说的构思。

玛丽·雪莱的家教决定了她能游刃有余地应付那样的社交圈。她的父亲威廉·戈德温(William Godwin)原来是牧师，后来变成坚定的无神论者，他受到法国大革命时期的"科学准则"的启发，倡导理想主义的哲学思想。这种思想立足于理性、公正和普及教育，提倡用和平手段推翻一切宗教、政治和社会组织的统治。柯勒律治、作家玛丽·兰姆(Mary Lamb)和美国前副总统阿龙·伯尔都是其父亲家中的常客，也包括汉弗莱·戴维和威廉·尼克尔森。

玛丽即使没有实际见过，也一定听说过阿尔迪尼的恐怖实验，同时对戴维工作中应用的科学原理非常熟悉。写作《科学怪人》时，她在日记中表示了对怪物复活的具体过程的极度不情愿，但还是在阅读戴维的那部《化学元素》。

"我以前不知道那些显而易见的电学规律。现在有一位研究自然哲学的高人，受到灾变的刺激后，他开始考虑如何解释自己在电流和电疗法方面所形成的理论。对我来说，电真是太新奇、太不可思议了。"玛丽笔下的主人公这样说。

玛丽在1831年版的小说序言中写道："一具冰冷的死尸有可能再次复活，应用伏打电流已经证明了此类事情：生物的组成部分或许可以再造、重新组合，然后焕发生命的活力。"

美国作家埃德加·爱伦·坡的态度更为直接，完全接受了电流能使死人复活的理论。在小说《对话木乃伊》(*Some Words with a Mummy*)中，他用近乎客观的笔调介绍了复活木乃伊的过程。

　　……大家一致同意把体内观察的工作推迟到次日晚上进行。我们正预备暂时分手，不知谁提议用伏特蓄电池做上一两项实验。对一具3 000～

4 000年以上的木乃伊通电,这个主意算不上聪明绝顶,也不失为别出心裁,大家异口同声赞同。这样,我们带着九分玩笑一分认真,在医生的书房中安置好电池,把这个埃及人搬了进去。我们费了九牛二虎之力,把它太阳穴处的肌肉剥露出来,这里的肌肉不像其他的部位那么死硬。接通电流以后,正如我们预料的那样,这里并没有发生痉挛性的敏感反应。

如日中天的拜伦就像19世纪的摇滚巨星,他的情人卡罗琳·兰姆小姐评价他是"疯子、恶棍,招惹不得的人物"。虽然诗人表面上持有怀疑态度,但也强烈地感受到科学进步的影响。他在名作《唐璜》中有如下内容。

(第一章130节大意)

> 有人曾用土豆做难吃的面包,
> 有人曾想用电流让死尸发笑,
> 但上面我列出的这么多怪招,
> 效果都不及"人道协会"高超:
> 免费唤醒窒息者非常有疗效,
> 近来一直有新奇的机械制造,
> 我说过小痘的病根已被拔掉,
> 但接下来的大痘可能会更糟。

(第一章132节大意)

> 这是专利的时代,种种新发明,
> 有的为杀死肉体,有的为拯救心灵,
> 所有的鼓吹宣传全都高妙透顶;
> 戴维爵士所发明的安全矿灯,
> 遵其所述方式,采煤确保太平;
> 廷巴克图之游历,两极之航行,
> 皆于人类有益,这倒有真无假,
> 也许就如同滑铁卢战场的射杀。

电在当时是那么神秘,那么强大,所以成为赫尔曼·麦尔维尔(Herman

Melville）写作时的修辞手段，他绝妙地暗喻了小说《白鲸》（*Moby—Dick*）的亚哈船长那种原始的痴迷和疯狂。船长把这种情绪传递到手下的船员那里，好像线路中的电流一样。

（第三十六章"后甲板"节选）

"来呀，大副、二副还有三副！把你们的鱼枪在我面前交叉起来。架得好！我来摸着叉轴开始发誓吧。"说着，他伸出一只胳膊，抓着那3支平端着的交叉在一起的鱼枪。抓住时又突然猛地一扭，同时圆睁着眼，从斯达巴克望向斯塔布，又从斯塔布转向弗拉斯克，出于一种难以名状的、发自内心的决断，好像要把容纳自己磁性生命的莱顿瓶里面所积聚的炽热情感传递到3人心里。眼前的船长强悍、坚韧又捉摸不透，他们心生胆怯。斯塔布和弗拉斯克把眼光从亚哈身上移开了，而一向老实的斯达巴克也目光低垂。

"真是没用！"亚哈叫道，"不过，好像还不错。如果你们3个家伙受到足量的电击，那么我自己身上的电力或许就会耗尽。说不定还会要了你们的命……"

电现象仍然有待研究，人们很少想到最终的市场价值能有多大。研究者们提出了相左的见解和理论。电到底是化学的还是机械的能量？人们虽然看不见神秘的电，但似乎也有一定的显见用途。伏打曾经为拿破仑演示过电的作用，他先点燃了火药，然后用电池释放的电荷割断了一小段导线。那虽然预示着未来的用途，但基本上还是博客人一乐的把戏。

伏打电池出现几年后，意大利帕维亚的化学教授、伏打的朋友路易吉·布鲁尼亚泰利（Luigi Brugnatelli）设法完成了一种电沉积过程（即电镀）。需要被覆膜的金属物（比如奖杯）放入溶液当中，溶液内溶解的是能镀上的金属盐。电池给奖杯通上负电荷，而镍或银质的正电极会释放电子。因为异性相吸的原理，带有正电荷的镍或银元素就会覆盖在目标物的表面。

布鲁尼亚泰利的做法很有独创性，但是由于同法国科学院意见不合，他的成果受到了压制。若干年后，英国和俄国的科学家分别提出电镀工艺的相关原理。

设计如此简单的电池很快发展成重要的研究领域，那些自然哲学家想要找到功率更大、作用持久的电池。研究者已经找到了其中的关键问题，那就是不同金属与溶液如何组合搭配。1802年，伏打发现二氧化锰和锌置于盐溶液中产生的电压要高于铜和锌的组合。过了不久,经过改进的电池开始从实验室遍及欧洲。

　　几乎同时,苏格兰军医和化学家威廉·克鲁克香克(William Cruickshank)读过伏打的信件后,开始着手改进电池的原始设计。他先制作一个木槽,然后把铜片和锌片水平叠放连接在一起,接着在木槽内注入酸性溶液。尽管存在缺陷——木槽接缝处有渗漏,但产生的电流强于伏打最初的设计,后来证明它更适合设备制造商批量生产。

　　出于对科学的偏爱,威廉·海德·渥拉斯顿(William Hyde Wollaston)放弃行医,转而研究化学、物理学和生理学。早年间他发现了元素铂和钯,其晶体结构的研究不只是科学史上的突破,也催生出一些晶体测量工具。在研究透镜的过程中,他又发明了转写器(又称明箱),能使画家用更精确比例描画的一种工具。

　　他在1815年或1816年研制的电池被称为“渥拉斯顿电堆”,其特点是用弯折过的铜片夹住一块锌片,类似于现在的三明治,但金属片之间用木钉隔开。像克鲁克香克的电池一样,渥拉斯顿电堆也是叠放在木槽中,浸没在酸溶液里面。

　　1836年,伦敦国王学院的教授约翰·丹尼尔提出新的电池设计,生成的电流在稳定性和持久性上要胜过伏打或克鲁克香克的电池。在那时之前,电池设计始终存在着一个固有难题,化学反应中产生的氢气会聚集在电池的铜片上。这些气泡会越聚越多,最终阻断电流。解决办法倒是简单,只要经常把铜片取出并擦掉气泡便可,但毕竟影响效率。

丹尼尔电池

丹尼尔新设计的电池采用铜制的圆桶,里面有一个陶质带孔容器,孔中插着一段锌极。他把经过盐过滤的饱和硫酸铜溶液加入铜桶内,而带孔的陶杯里装满了稀硫酸。虽然显得很复杂,但该设计还是精妙的,陶杯分隔了两种液体,又保证了电荷的流动。这种电池又被称为"恒电池",不使用时需要拆解开,以便中断内部的化学反应。

19世纪30年代,身为律师和法官的威廉·罗伯特·格罗夫爵士(William Robert Grove)也尝试过电池设计。他在第一款电池中使用了锌和铂,前者放在硫酸内,后者放在硝酸里。类似丹尼尔电池中的带孔容器分开两种金属。尽管能产生1.8伏左右的较强电荷,但是电池的化学反应容易释放有毒的氧化氮气体。该电池后来被电报公司看中。

1839年,格罗夫发明了最早的广为人知的"燃料电池"。电流能把水分解成氢和氧,这已经成为明确的事实。格罗夫进行了逆向操作,把氢和氧结合在一起,就能得到电和水。他提出了新颖的设计:把两条铂安放在密闭管子里的硫酸中,然后填充氢气和氧气。该装置的确发生了反应,但是效果并不理想,难以投入商业生产。

丹尼尔和格罗夫的新型电池有了较大进步,可是其应用仍然有限。不久后,情况发生了戏剧性的变化。

五

不绅士的科学家

先研究，再完成，然后发表。

——迈克尔·法拉第

迈克尔·法拉第大概是戴维的一个了不起的发现，也可以说是最不可能的一项发现。早年的法拉第身上丝毫看不出任何与科学事业有缘的迹象，与英国科学界那些出身高贵的绅士们也没有一点相似之处。他的家境贫寒，没有剑桥或牛津大学的名牌学位。作为铁匠的孩子，他13岁便结束了正规的教育，从1804年开始成为伦敦书商乔治·里博（George Ribeau）的学徒，书店位于布兰德福德街（Blandford）。

当时书店的主顾们会依照个人的喜好和财力装订自己的图书，所以年轻的法拉第8年当中一直在与糨糊罐和订书机打交道。他别无所长，能识字、会算术，完全能应付书籍装订工作。师傅很早就发现徒弟头脑灵活，而且还有无止境的好奇心，他把少有的空余时间都用在阅读书店里的书籍上。读书使法拉第走上了终生自修的道路。受到《悟性的提升》（*The Improvement of the Mind*）一书的启发，他开始养成记日志的习惯，但是真正唤醒其想象力的却是科学研究。

"有两本书使我格外受益，"若干年后，法拉第这样回忆，"我在《大英百科全书》中初步认识了电的概念，马尔赛夫人（Mrs. Marcet）的《化学对话》帮我打下了电学的基础。"

当时人们一定会对法拉第的这番表白感到奇怪。简·马赛特的《化学对话》不太可能成为伟大科学家入门的起始点，该书属于那时流行过的一套丛书，还包括《政治经济学对话》《植物生理学对话》以及《英格兰历史对话》等。

《化学对话》只是一位女性作者专为女性读者编写的，根本进入不了庄严的科学讲堂，和牛津、剑桥的大师巨匠们更是相距甚远。尽管女士们的心里可能不大舒服，依照 19 世纪的公共道德标准，探讨化合物和化学元素的那本书并没有普及多少化学知识，所以难登大雅之堂。书中是和蔼可亲的老师布莱恩夫人与两位求知欲很强的学生艾米丽和卡洛琳之间的系列对话。娓娓道来中，读者便通过非常雅致的方式逐步了解化学的一些基础知识。该书是当时的国际级畅销书，仅美国的销量便超过 16 万册。

科学，尤其是化学，仍然是人们茶余饭后的热门话题。一本书里的师生对话教育了众多的妇女（也可能有一些男士），使她们在聊天时大出风头。名门绅士要获得科学知识，大概不会需要那些适合女同胞的启蒙读物，因为他们能在大学里接受正规教育，能紧跟科学领域的最新发展动态，而科学研究恰好体现出男性的阳刚之气。

法拉第早年的运气不单单是读书的方便条件，他的老板里博还是公认的好人。由于未婚无子，里博一心想把产业托付给聪明的徒弟，但是法拉第的心思却牢牢锁定在科学事业上。对于贫寒铁匠家庭出身的他而言，能继承一份现成的产业的确有吸引力，但他宁愿舍弃那份安稳；科学之路虽然充满未知数，但年轻人的选择却不是一时的心血来潮。

法拉第显得非常另类，对科学和宗教都笃信不已。他是虔诚的基督徒，桑德曼教派（Sandemanians）的成员，把科学（对自然界的探索）视为真诚信仰的延展。我们在 21 世纪还在争论科学与宗教之间的矛盾，可是法拉第却认为二者不存在界限。他说，"我们一定要读一读大自然这部书，它是上帝亲手写成的，"对他而言，"解开自然的谜团就是发现万能上帝在显灵。"

从美国人霍雷肖·阿尔杰（Horatio Alger）的著作中汲取了足够多的信心和无畏精神（现实中大多被视为年轻人的鲁莽）之后，法拉第给皇家学会的主席班克斯去信，请求得到一份工作，做什么都行。未等到回音后，他亲自前往皇家学会，一位工作人员告诉他说主席先生认为"那封信不需要回复"。很显然，年轻的书店学徒根本不值得考虑，更不值得回信。

命运的转折往往同不起眼的小事件联系在一起。书店的一位主顾威廉·丹斯（William Dance）送给法拉第几张票，可以参加 1812 年 3 月戴维的几场讲座。年轻人不仅如饥似渴地旁听了讲座，而且做了翔实的笔记，实际上是一字不差地转录了每次主讲的内容。返回书店后，他装订好笔记（差不多有 400 页，里面有拼写错误），也附上了自己画的图解，然后把笔记本和一封求职信一并寄给戴维。

就像狄更斯小说里的人物一样，不可能出现的机会却使人时来运转，法拉第恰好得到天时地利的眷顾。当时皇家研究院的一名实验室助手莫名其妙地和设备制造商发生争执，被直接开除了，正需要顶替者，法拉第便以临时工身份被安排进入实验室，从事清洗、整理仪器之类的杂务。

戴维与书店老板一样心地善良，很快发现了法拉第的潜质，不久便给他一些实验分析的机会，并在实验过程中亲自指导。书店里培养出的灵巧和精确正是实验师所需要的良好素质，因此法拉第又得到更多做实验的机会。戴维也没有子女，同样十分看中才华出众的徒弟。

法拉第视恩师戴维为偶像，但二人的关系常常不融洽。有一段不可思议的传闻：1813年，新婚不久的戴维在研究院的任期结束后，带领助手法拉第出国旅行。得到拿破仑的特许后，二人在法国逗留，接着前往意大利。涉世不深的法拉第从未离开过伦敦，而那次旅程据说是他的一场噩梦。恩师当然是热心诚恳的人，可是师母却把丈夫的弟子当作佣人使唤。法拉第在家信中表达了怨气和慨叹，声称"她的傲慢自大太过分了"。回到英国的戴维成为皇家学会的主席，牛顿曾担任过该职位。后来戴维帮助法拉第谋得皇家研究院主任的职位。

法拉第的精力充沛，好奇心强，孜孜不倦地在实验室中忙碌着。他的座右铭是"先研究，再完成，然后发表"。长时间从事科学实验的法拉第很快确立了自己的名望，即使按照今天的标准衡量，他的辛苦付出和研究成果也应该得到褒奖。他说，"在艰难任务面前，不要觉得束手无策，取得成功的关键是要有干劲和坚持不懈的精神。"

法拉第缺乏戴维的那种社会理想，也回绝大多数的荣誉和各种头衔，但是自身的修为却坚持了一生。刚开始在研究院讲学的时候，他为了提高演讲水平，把演讲老师请到前排就座，以便就其表现进行批评。受邀听讲的朋友们手里还有拿着印有"太快"或"太慢"的提示牌，随时提示台上的法拉第。他的讲座后来比戴维的还要受欢迎，也吸引了作家狄更斯的注意。狄更斯请求把听讲笔记发表在《家常话》（Household Words）上，这是他创办了9年的通俗杂志。诗人拜伦的女儿奥古斯塔·艾达·拜伦·洛夫莱斯（Augusta Ada Byron Lovelace）是计算理论的先驱，法拉第同这位才女的短暂恋情也是耐人寻味的插曲。

随着名气和声望的与日俱增，法拉第与戴维的关系依旧不睦，很多方面不仅是单纯的师徒关系。不论演讲和实验多么精彩，在英国那样一个社会等级森严的环境中，法拉第注定不能成为科学界的绅士。戴维和渥拉斯顿的一次实验失败后，人们认清了这一点。法拉第无意中获悉了实验的细节后，继续进行该实验并取得成功，然后写成论文发表，但是并未提及前辈的名字，这就犯下了严重的错误。更糟糕的是那次实验具有突破性,并非普通意义的小实验。

戴维和渥拉斯顿在探讨丹麦医学教授汉斯·奥斯特(Hans Christian Ørsted)的研究成果时,法拉第显然听到过他们的谈话内容。1820年,奥斯特在一次讲课过程中,曾把罗盘放在与电池相连的闭合电路旁边。他注意到靠近电路的罗盘指针发生了摆动。

这是一项重大发现。看来电和封闭管道里的水并不一样,并不局限在导电体之内。任何带电体都能产生一种看不见的放射场。奥斯特发现的是电磁场和电磁效应。正因为电磁现象,各种新装置才有可能发明出来。

法国科学家安德烈-玛丽·安培(André-Marie Ampére)了解到这一发现后,用导线绕成的线圈创造出磁场。他后来发明的电流计(一种电压计)就是罗盘上缠绕几圈的导线。极小的电流也会产生电磁场并使指针摆动。这是测量微小电流技术的一项重大进步。以前出现过测量强电流的原始电压计和其他的方法,但是如何检测微小电荷却是一个难题。多年以前,科学家们开始用舌头感知带电导线的电压,甚至把电线插入皮肤中,通过疼痛程度判断电压大小。自伽伐尼的青蛙腿实验以来,安培的发明是最敏感的电流测量装置。

实际上,首先发现电磁现象的并不是奥斯特。1802年,意大利的法学家吉安·多梅尼克·罗马尼奥西(Gian Domenico Romagnosi)已经有过类似的发现,但是公布这一结果的却是一份不知名的《特伦蒂诺公报》(Gazetta di Trentino),多数研究电学的人很少能看到这份报纸。奥斯特的独立发现并公布了结果,不仅改变了测量微小电流的方法,而且把电学研究引领到了新的方向上。尽管伏打电池已经是成型的科研装备,但是充分发挥其作用的却是化学家。研究电学的人并未想到电的用途远不止于对化合物和元素分子层面的研究。

19世纪20年代中叶,原为鞋匠学徒,后出走参加皇家陆军的威廉·斯特金(William Sturgeon)读到奥斯特发现的结果后,以此为基础发明了电磁铁。自学成才的斯特金当时在皇家军事学院讲学,他在198.45克重的铁块上缠绕了几圈与电池相连的导线,那铁块竟然能提起约4.08千克的重物。看不见、无重力、神秘的电可以用来完成一定的劳动任务了。

戴维和渥拉斯顿探讨过的,又经法拉第证明的概念就是要让磁场中的导线转动起来,实际上就是电动机的原理。法拉第在水银杯中竖直放置一块磁铁,水银杯同电池的一个电极相连,另一电极连接一段导线的一端,导线的另一端插入水银当中。导线、水银和电池间的电路接通时,导线的一端开始围绕磁铁转动起来。在另一次实验中,法拉第设法使磁铁围着导线旋转。

法拉第把自己的玩意叫作"旋转器"(现在称为"单极电机"),并在论文中详细介绍该装置的功能,由此赢得了国际声誉。担任首相前的威廉·格莱斯顿(William Gladstone)曾问起小电动机有何用途,据说法拉第这样回答:"我不知道,但是您肯定有办法从它上面收税。"

渥拉斯顿对法拉第的成就极度不满,其程度远超过当今科技工作者间正常的竞争心理。法拉第的出现就是对英国摄政时期的阶级制度的公然挑战,而且他既没有牛津或剑桥大学的名校教育背景,更没有相匹配的高等数学知识——包括牛顿创立的微积分学。在皇家研究院的多数成员眼中,法拉第根本算不上科学界的绅士,而是一个投机取巧的暴发户和修补匠。

与之相比,渥拉斯顿不仅背景深厚,而且名声显赫,拥有一连串的发明成果。法

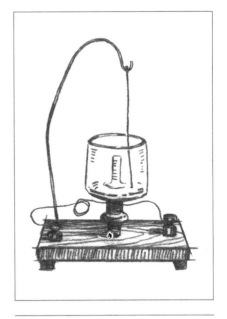

法拉第设计的电动机

拉第意识到了自己的错误,写了一封痛心疾首的致歉信,但是伤害已经无法挽回。道歉信招来冷淡的回应,戴维会同渥拉斯顿两次阻挠了法拉第加入皇家学会的申请。

若干年后,法拉第在准备出版著作的时候,会在注脚中说明:"这篇论文对我非常珍贵。当我深感才疏学浅之际,正是戴维先生给我的帮助,论文才得以发表。"那时的戴维和渥拉斯顿早已过世,人们大多淡忘了那场争执,只有法拉第还念念不忘。

法拉第并没有畏缩,继续刻苦钻研。1831年,通过证明发电机的原理,他提出了电磁感应理论。发电机之所以能产生电流,是线圈内部磁铁的运动造成的。电磁感应并不复杂:斯特金已经证明了电能产生磁力,那么磁力也应该能产生电。法拉第做了一个纸筒,外面缠绕着导线,然后与电池和原始的电压计接通,接着开始使条形磁铁在纸筒中央往复移动,造成电压计指针跳动。线圈中突然产生的电流应该是磁铁简单运动的结果。

法拉第公布实验结果一年后,巴黎的年轻仪器制造商伊波利特·皮克西(Hyppolyte Pixii)制造出第一台发电机,其工作原理是用手动曲柄转动线圈上的磁铁。不到10年,皮克西设计的发电机经过多次改进,工业用发电机便出现了。

在威廉·惠威尔(William Whewell)的协助下,法拉第推广使用了新的专业

术语。惠威尔是德高望重的哲学家和教师,他提出的一些电池部件称谓现在仍在使用,包括"阳极"(释放电荷的负极)和"阴极"(接收电子的正极)。这也是了不起的贡献。科研领域的确需要一套标准化的术语。

法拉第在电化学领域取得了巨大的成就之后,在安宁的退休生活中结束了科学生涯。追随着恩师戴维的脚步,他发现了元素钠、钾、钙和锰。在《法拉第电磁感应定律和电解定律》(*Faraday's Law of Induction and Laws of Electrolysis*)一文中又确立了几条重要的电解定律。

"人们常把电称为奇妙美丽的东西,但它和自然界的其他力量一样非常普通,"法拉第在讲学笔记中写道,"电或其他力量的美并不在于其神秘和难以预测,而在于其规律性,现在我们的知识和智慧基本可以控制它。人类的头脑在其之上,而不是之下。"

遗憾的是,法拉第最终还是落后了。由于探究自然奥秘变得越来越复杂,数学很快成为科学研究的"语言",所以法拉第就跟不上潮流了。他在临终前写给著名科学家詹姆斯·克拉克·麦克斯韦(James Clerk Maxwell)的信中说:

> 有一件事情向您请教。数学家研究物理现象的时候,如果得出了自己的结论,他们能不能用通俗语言进行表达,而且能像数学公式一样充分、清晰和明确呢?果真如此的话,那么把天书般的公式转化成我们能用实验方法解决的任务,难道我们不能得到那种恩赐吗?

到了19世纪30年代中期,科学一直在发生着变革。虽然电还是一种莫名其妙的力量,但是有迹象表明电很可能成为很有用的东西。毕竟通过电磁铁,它已经能完成托举重物的简单体力劳动,科学已经超越了哲学范畴。柯勒律治和法拉第共同的朋友、哲学家惠威尔发明了"科学家"一词,目的是描述科学界所发生的事情。那些从事科学研究的绅士们把自己视为哲学家,解开自然界的深层奥秘是其任务,同时把对客观世界的研究看作是抽象推理过程的延伸,因此他们没有很快接受"科学家"这个称呼。它的学术味不强,经常被当作贬义词来使用。

美国的约瑟夫·亨利(Joseph Henry)是法拉第式的科学家,同样也在辛勤钻研。虽然远隔重洋,相距数千千米,二人的生活轨迹却惊人地相似。他们的出生年代相近——亨利生于1797年,法拉第生于1791年,事业的鼎盛期也大致重合,都贡献了大量的研究成果。

亨利虽然没有达到法拉第的历史高度,但是其不凡的科研成就也是不可小视的。很少有科学家能和托马斯·爱迪生、亨利·福特或塞缪尔·莫尔斯那样的大发明家一同被载入史册,爱因斯坦、斯蒂芬·霍金和牛顿等人则是少数的例外。

一个根本的原因是那些不朽的科学遗产在很大程度上要归属于知识范畴。科学实验、抽象概念和内在原理的发现等,它们的吸引力在当今远不如那些能彻底改变生活方式或创造巨额财富的新产品。成功的发明家给社会留下的是实实在在的各类基金会和博物馆,而他们的原始发明创造经过不断改进和发展,又进一步传扬了发明者的美名。不管怎样,在科学前沿探索的科学家很难得到历史的垂青,大众更关注的是能成功应用科学理论的精明工程师。

亨利同法拉第和戴维一样涉足过一些发明项目,但是他的成果要么很冷门,要么相形见绌于其他名家大师。他的创意经常要由他人改进和完善才能迎合市场需求。欧洲媒体在大肆宣传法拉第及其科研活动之际,处于事业黄金阶段的亨利则在默默无闻地埋头苦干。他不精于及时发表自己的成果,却偏爱教学和实验工作带来的直接效果。与法拉第不同的是,亨利一直远离联系密切的欧洲科研机构的中心。18世纪的美国正处于富兰克林时代,科学研究领域虽然不是一潭死水,但是在基础研究方面仍然落后于欧洲。

亨利同样出身贫寒,未经过传统教育。他出生于纽约州北部的奥尔巴尼附近,也像法拉第一样幼年丧父并开始做学徒工。他的师父约翰·多蒂(John F. Doty)是钟表匠和银匠,从不看好自己的徒弟,也不给他好脸色。他与法拉第那好心肠的师父里博截然不同,认定亨利完全是入错了行。法拉第喜欢过图书装订业,也显露了真正的才能,但是亨利对自己的行当显然热情不高,时常坐在工作台前发呆,在和齿轮、发条打交道时也没有表现出精细劳动所需的悟性和才能。

无论境况好坏,都没有什么重要意义了。1819年的金融恐慌使多蒂的生意陷入困境,亨利只好结束维持了两年的学徒生涯。没有生活目标的年轻人心不在焉地变换工作,做过勤杂工,从事过金属加工,也当过税收员。亨利还是活跃的业余演员,曾一度萌生投身演艺事业的念头。根据一些大同小异的说法,亨利踏上科学之路的起因与法拉第类似,也是一本书的启发。一种说法是亨利在一所教堂的地下室里无意间发现了一本书,也有的说是他的前房客遗留下的一本书。不管是上帝的赐予,还是他人的无心之举,那本书迷住了亨利。据他回忆,书名是《实验哲学、天文学和化学讲稿》,作者是西汉姆教区牧师、神学博士格里高利(G. Gregory)。马尔塞女士的初级读本启发了法拉第从事科学研究,牧师的那本大部头著作同样影响了亨利。法拉第有幸跻身皇家研究院,可是亨利却没有机会实现新的理想。后来亨利在奥尔巴尼男子学院完成学业后,留在这家学校教授数学和自然科学,并担任家庭教师贴补微薄的收入。他的学生中有一些名声不菲,包括哲学家威廉·詹姆斯的父亲、神学家亨利·詹姆斯,还有同名的作家亨利·詹姆斯。

亨利对化学和气象学的热情比较一般,但也在业余时间做了一系列的相关实验。1827年的一次纽约市之行使他偶然见识了斯特金的电磁铁演示。通过一台小电池里的化学反应,普通的铁块竟然有了生命力和能量。看过《哲学年鉴》上的介绍之后,着迷的亨利设法复制了同样的神奇装置,包括伏打电池等部件。与斯特金的原型差不多,亨利的电磁铁能抬起约4.08千克的重量。这是美国土地上出现的第一个电磁铁。

亨利并不满足于简单复制,开始试制新型电磁铁。他发现提高磁铁托举力的关键是马蹄形铁芯外面围绕的线圈或螺旋导线。斯特金只是松弛地缠绕了几圈导线,而亨利把导线缠得很紧,而且圈数更多。绝缘电线出现之前,他尽量避免短路的办法是在铁芯表面上涂漆,并仔细分隔开每圈电线。他的设计最终能够举起约9.07千克重物,和举起约4.08千克的电磁铁使用同一个电源。

小小的成功鼓励了亨利,他继续实验,用克鲁克香克的大功率电池替代了斯特金使用的低输出的初级电池。新电池的溶液槽里装了25对的锌片和铜片,能提供更强的电流,铁芯逐渐增大,线圈也越缠越紧。电线通电后开始打火的时候,他用妻子裙子上的丝带给电线绝缘。就电磁感应现象而言,亨利的实验成就是斯特金、甚至是法拉第无法相比的。

例如,他经过反复试验发现,如果由单组电池供电的话,最好是在铁芯外平行而紧密地缠绕多股的电线。但是如果使用多组电池,单股电线绕成的线圈会使电磁铁的作用最大。

不久之后,亨利无意间做出了一项最了不起的科学发现。搭建出并联电路的时候——多组电池的正极相连,不论连接多少组电池,电压保持不变,但是电流量却与连接的电池组数量成正比;相反,在串联电路当中(即正极与负极相连,负极与正极相连)电压会成倍升高,电流量则不变。有一个不太精确的通俗类比:如果把电路比作管道中的水,那么电压就是水压的衡量单位,电流量则是流经水管的水量单位。亨利把两个测量单位称为"电流强度"和"电流数量"。直到1893年,"伏特"和"安培"才成为正式的电磁学术语。

亨利和助手菲利普·坦·艾克(Philip Ten Eyck)制作了一架更大的电磁铁,自重约9.53千克,置于支架上能够吊起约340.19千克重量。对于没见过电磁铁的大多数人而言,那简直就是魔术师的把戏。亨利为了证明电池驱动的简单装置不是魔术,在吊起一块铁匠铺的铁砧后,他切断了电源,铁砧便应声砸向了地面。

这种演示的效果不同于罗盘指针的摆动,或磁石的好玩吸附力,而是激发了众人的惊叹。不难想象,那些目睹亨利实验的人们的感受就像是被雷电击中,与当年圣奥古斯汀看到磁石的那点魔力所受到的震撼是一样的。亨利把那台电磁铁称为"奥尔巴尼磁铁",写了一篇详细介绍其设计的论文并寄给本杰明·西利曼（Benjamin Silliman）——耶鲁大学的化学教授,也是权威的《美国科学杂志》的主编。该论文发表于1831年1月,西利曼在编者按中指出,"我们要向他（亨利）致敬,因为他建造了迄今为止最强大的磁铁,其最新设计的提升力超过欧洲所有已知磁铁的8倍。"

西利曼的赞誉并非偶然为之。在荷兰的乌特勒支,杰勒德·莫尔（Gerard Moll）也见过斯特金设计的磁铁,并通过严谨的实验着手加以改进。这位荷兰教授增加了磁芯外导线的圈数,成功地提起约34.02千克重量的物体,接着又实现了约69.85千克的目标。莫尔在第一时间将结果公布在《爱丁堡科学杂志》上,宣称他的磁铁是世界上功能最强大的。而亨利的实验成果发表虽然迟了,但也有力地回应了莫尔在欧洲的工作。

亨利在之后发表的论文中提议要为耶鲁大学建造更大的电磁铁。西利曼欣然接受了他的建议。亨利设想的磁铁将有重达近约27.22千克的磁芯,提举力大约在453.59～907.19千克。最后,亨利设计的磁铁有超预期的表现,提起的重量超过了1吨。磁芯用马蹄型的8面铁柱制成,长76.2厘米、高30.48厘米、厚7.62厘米,外表缠绕着分成26股、总长度为243.84米的铜导线。

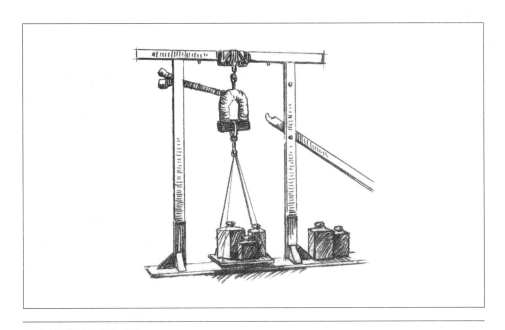

亨利为耶鲁设计的电磁铁

亨利专为电磁铁设计的电池里使用了若干同心圆筒,分别由铜和锌制成。经亨利测算,它们能有约0.46平方米的活性面积。这个尺寸之所以意义非凡,不仅是因为金属的表面积决定着化学电池的放电量,还因为莫尔的电磁铁力量较小,效率也更低,但所用电池里的金属反应面积却达到约15.79平方米。

按照当时的标准衡量,亨利的电磁铁的确是了不起的装置。电从未提举过那么重的东西,超过了一个人不依靠杠杆或滑轮时所能举起的最大重量。神奇力量的来源竟然是金属和几种化学物质的巧妙搭配所生成的电。人们仔细查看锅炉或齿轮后,能或多或少地理解蒸汽机的复杂工作方式,但是要完全掌握电磁铁的工作方式,则需要了解电磁感应和化学电池方面的原理才行。

不难想象,这种简单装置所产生的能量有朝一日将会在工业领域发挥作用。亨利本人已经意识到了电磁铁的潜在用途,"我在西利曼的期刊上描述过系列电磁实验,最后想到了电磁铁的两项应用,"他写道,"其一是机器生产过程中利用电磁效应进行物品搬运,其二是实现动力的远距离传输"。

亨利不久便有了新想法。他使用小型电池,并不断延长一台小电磁铁所连接的导线长度,结果在远距离提起了铁块。他又在试验中不断调整功率和距离的数值。实验中使用的长导线是不绝缘的电铃线(该名称来自呼叫仆人或来客提示的家用电铃的拉索线)。这种金属线在当时很常见,长时间使用"电铃线"的名称,后来制造商开始加上了橡胶或软塑料的绝缘层,其用途也从机械方面转到电气方面。

亨利很快就用马蹄铁替代了铁块,然后又用磁化了的长条金属替代马蹄铁,并安放在墙上铃铛的中心点旁。接通导线的电流后,磁棒便自动地发生轴向转动并敲响铃铛。后来发明的电报机就是从电铃得到最初灵感的。这种装置不同于奥斯特实验中的罗盘指针在磁场作用下能发生偏转,也不同于原始电压计的原理。最后亨利为了进行电流测试,在奥尔巴尼学院的教室墙壁上布置了超过304.8米的电铃线。

亨利在电磁铁方面的工作不久便引起了阿莫斯·伊顿(Amos Eaton)的注意。伊顿是潘菲尔德钢铁厂(Penfield)的顾问,工厂位于纽约州的尚普兰湖畔,所在城市当时称克朗波因特(Crown Point)。生产中的一个难题是如何按品级筛选铁矿石,亨利找到的工艺(与轧棉机类似)是木桶上插有几百个磁性金属棒。含铁量高的矿石会吸附在磁棒齿上,被扫掉后送入冶炼炉中熔化。选矿机是电磁铁的首次工业应用,工厂的所在地不久改名为波因特亨利(Point Henry)。

1831年,亨利建成第一台电动机,其动力来自伏打电池。他说:"近来成功地开动了一台小机器,我相信机械学里从没有人运用过那种动力——依靠吸引和排斥的磁力作用。"

构成"小机器"的部件是包裹铜线的22.86厘米铁条并水平放置,能像跷跷板那样上下摇动。两块永磁体被同极安放在铁条两边的下面,铁条两端下各有一个装水银的套管与电池相连。铁条一端垂下的导线浸入水银后,回路完成并激活电磁铁,从而排斥永磁体,迫使另一端下坠,发生同样效应。根据亨利的描述,机器每分钟大概能震动75次,持续时间大致一小时,与电池放电时间一样长。

历史学家认为这是第一台证明电具备"工作"潜力的机器。1833年,威廉·里奇(William Ritchie)运用相同原理,在英国独立发明了电池驱动的电动机,其运动模式不是上下往复,而是圆周运动。1834年,马里兰州巴尔的摩市的托马斯·埃德蒙森(Thomas Edmundson)改进了亨利的电动机,使之能够做圆周运动。尽管里奇之前很可能不清楚亨利最初的设计,但在亨利的大力敦促之下,里奇最终勉强承认了这位美国发明家和科学家的贡献。

上下摆动的小装置引发了轰动,看来电有可能在将来完成各种工作,甚至最终取代蒸汽机。可是亨利本人持怀疑态度,打消其热情的并不是电磁能量的潜力,而是电池的局限。比如他给西利曼和耶鲁大学制造的电池功率很大,但是功率大小却完全依赖当时并不完善的电池技术。他为钢铁厂建造的电磁铁是一个例外,虽然比较成功,但电池的使用仍然局限在实验室环境,产生的能量也很有限。

如果使用足够多的电池,当然有可能产生足够多的电能带动更大的机器。或许有人想到了这一点,着手进行改进并提高了电动机的功率,正如亨利改进斯特金的电磁铁设计一样。这样的电动机至少在理论上能够完成一定的工作任务,但是煤炭还是更经济的能源,当时的蒸汽机技术也经过或多或少的完善,仍然很有市场。相比之下,电池的造价较昂贵,随着所需电能的增大,其成本和体积都要加大。

亨利有理由怀疑,电池还没有达到工业上广泛应用的地步,主要的障碍是电池内部发生的极化作用减缓了氧化反应和电子的流动。以锌和铜作为阴阳两极的电池为例,氧化反应中锌释放出阳性的氢离子,它们聚集在带负电荷的铜极上,形成的薄薄一层微小气泡,降低了电的输出量。释放电子的化学反应同样也在妨碍电流,电解液和电极也必须经常进行更换或清洗。

科学家为了解决这一问题,想出来很多办法,但都不尽如人意。宾夕法尼亚大学的罗伯特·黑尔(Robert Hare)博士发明了一种化学电池,并命名为"爆燃器"。这种电池的主要特点是金属片能从溶液槽中轻易取出,便于定期去除气泡。它非常适合实验室应用，但是社会上的应用价值却不大。

19世纪40年代，格罗夫解决了难题。他发明的电池用锌做阳极，用铂做阴极，二者之间由渗透性材料分开，并分别浸入两种酸性物质或电解液中——阳极处在硫酸之中，阴极处在硝酸之中。格罗夫的硝酸电池基本上消除了极化作用。

在19世纪30年代初，亨利和法拉第几乎同时发现了电磁感应现象，这可能是科学史上最不寻常的巧合。人们大多认为发现者是法拉第，而亨利则推进了该理论的发展。亨利显然不是法拉第的"先研究，再完成，然后发表"信条的追随者，其大部分重要实验成果被收录进他的学生威廉·吉布森（William J. Gibson）编著的《亨利教授自然哲学讲稿》（1844）。亨利描述过特别有意思的一次实验，一个房间里的线圈竟然吸附住了另一个房间里放电的或冒火花的莱顿瓶。他把这一发现称为"远距离感应"。

吉布森转述了亨利的原话：

> 运动的电荷都会对很远距离的物体施加电磁感应作用（约2.41千米以上的距离效果依然显著），这一结论再次有力地证实了电会遍及所有空间的假设……这一事实的确定性就像我们的肉眼能在同样距离看见烛光一样（光可能就是同一种介质中的波或震动）。

这是一段惊人的科学论证。海因里希·赫兹（Heinrich Hertz）和詹姆斯·麦克斯韦后来用了几年时间证明，并进一步演示了亨利的理论。这一理论最后成为无线电广播技术的基础。在远距离电磁感应和电脉冲传输技术方面，今天的人们很少会想到亨利的贡献。但那不等于没有褒奖。电压的计量单位伏特源自科学家伏打，通过电流量的单位我们记住了安培，同样为了纪念亨利，电磁感应的等级单位便使用了他的姓氏。

尽管没有得到皇家研究院的支持和丰富资源，亨利还是像法拉第一样坚持自己的信念，很少发表研究成果，也不屑于申请专利权。他认为舍弃专利更有利于科学的快速发展，而阻碍欧洲科技进步的正是专利权之类的利益纠葛。富兰克林曾持有同样的观点，但是那个时代的现实却是功利性十足。

18世纪中叶从英国开始的工业革命，在美国正步入蓬勃发展的阶段。大型制造企业开始成为社会的主导力量，它们采用各种工程技术，使得生产流程的规模不断扩大，复杂程度也越来越高。更为重要的是，实施专利法规的司法系统也变得更老道了。以前的科学研究活动主要是业余爱好者的消遣，现在却和商业靠得越来越近。研究者的清高曾为富兰克林赢得过美誉，现在却逐渐变成天真幼稚的表现。"那时我觉得让个人独享科学所带来的利益与维护科学的尊严完全是两码事。"晚年的富兰克林又承认,"或许是我过于苛刻了吧"。

面对普林斯顿的新泽西学院(1896年更名为普林斯顿大学)的主动邀请,亨利回复说:"你们难道不清楚我主要靠自学,没上过大学的事实吗?"其实该学校并不在乎他的学历。1832年,在耶鲁的西利曼的支持下,亨利已经稳坐普林斯顿的教授职位,在新建成的实验室中钻研他的电学和电池电源。1834年,亨利设计出可以随意调节输出电量的电池。他把锌极板装在宽22.86厘米、深30.48厘米的铜槽里,然后将11组铜槽一起放在有插孔的盒子里,形成一个电池组。该组合与另外8个单槽电池一起连接到一个曲柄控制结构之上,它能加大或减小电池组的电流输出量。

如果放在21世纪来审视亨利改装的化学电池,它的技术谈不上合理,但其创意却很独到。控制电流输出的怪异装置颇似船上负责船帆升降的部件。至少对那个年代的工程技术来讲,该装置也算精巧。

亨利有一项意义深远的贡献,就是通过导线远程传输电脉冲的技术。1835—1836年,亨利已经不满足于在奥尔巴尼学院的教室墙上来回布线,而是在普林斯顿大学的校园里四处布线。在学生的帮助下,亨利显著扩大了相关实验的量级。他以前就在斯特金电池上进行过类似的尝试。为了保持从A点至B点的电流强度,他设计了一个特殊装置,能够在电路中开闭另一个次级电路。这个装置依靠自带的小电池和电磁铁工作,后来成为我们熟悉的"继电器",它是远程电报技术发展的重要一环。没有了继电器,电流沿着导线传送几千米的距离后就会衰减到无法检测的地步。

过了14年左右,亨利从普林斯顿转到尚在雏形中的史密森学会(Smithsonian Institution)并担任秘书,在美国科学发展史上发挥了关键作用。史密森学会是用英国人詹姆斯·史密森的遗产创办的学术研究机构,基本依照了英国皇家研究院的宗旨,但是后来的发展却是捐赠者预料不到的。

史密森曾是皇家研究院的早期成员、皇家学会的会员,也热心于科学实验,但自认为从未得到科学家应有的尊重,原因就是其为非婚生子女的身份。其父休·史密森(Hugh Smithson)是诺森伯兰郡的首位公爵,母亲伊丽莎白·马西(Elizabeth Macie)是国王亨利七世的直系后裔。虽然其血统得到认可,但是因为其非婚生子女的身份,史密森一直受到英国社会的歧视。心灰意冷的史密森离开英格兰,定居在巴黎的蒙马特街,并热情接待造访的美国人。

"我的血管里流的是英格兰高贵的血液;从父亲那边说,我是诺森伯兰人,从母亲的角度讲,我也是国王的后裔,可是这些对我没有用。父母的贵族头衔断绝没人能再想起的时候,我的名字也将成为记忆"。

史密森显然意识到凭借自己的研究成果,不可能得到牛顿、卡文迪什或戴维那样的名望,所以史密森学会成了谋求科学不朽的途径,他把自己的巨额财产赠送给"……美利坚合众国,以史密森学会之名义在华盛顿建立一家研究机构,以助增进和传播人类知识"。全部遗产包括105 960镑的金币和8先令7便士的零头(这些金币运抵美国时全用纸包裹着)。

毫无疑问,史密森的心中一定有了皇家研究院一般的建会章程,学会的宗旨是要"……传播科学知识,促进实用技术发明和改进的普及推广,同时通过哲学讲学和实验推动科学教育,使科学应用满足于日常生活的需要"。

他的设想意义重大。当时美国在科学以及基本工艺技能方面远远落后于欧洲。英国的法律禁止某些被视为有价值的熟练从业者移民海外。有一个著名的案例,来自曼彻斯特的霍奇森(Hodgson)两兄弟为了移民美国,只好把劳动工具伪装成果树,放到另外一艘船上才得以运到美国。

然而,美国国会用了9年时间喋喋不休地争论"……增进和传播人类知识"究竟为何意,期间夹杂着政治权谋的较量,也咨询过顶尖的智囊,包括法拉第和亨利。参议员约翰·昆西·亚当斯(John Quincy Adams)主张把钱用于建设天文台,其他议员则提议建立国立图书馆或学院。最终国会决定分别组建一家图书馆、博物馆和美术馆。学会的建立过程中,亨利的确发挥了重大作用,并保证了学会基础的牢固。

远在亨利进入史密森学会之前,他的研究成果就引起了托马斯·达文波特(Thomas Davenport)的关注。达文波特是来自佛蒙特州布兰登市的一名铁匠,1802年出生于普通家庭,年纪不大便开始做学徒。达文波特学成后在行业里成功立足,据说生活过得不错。他只接受过3年的正规教育,却一直保持着读书习惯,通过自学补充知识。

从整体上说,达文波特同无数其他工匠们一样在新英格兰各地的村镇里开店谋生。但是1833年的经历改变了他的人生。他正巧去潘菲尔德钢铁厂参观,见识到提取高品级铁矿石的工业电磁铁,年轻的铁匠对那个装置有了一见钟情般的感觉。钢铁厂里的机器,甚至普通的电磁铁都令他着迷。后来他这样形容电磁铁,"……大约3磅重的电磁铁连着两套铜或锌的杯子,杯桶则放在陶罐子里"。可惜的是,向达文波特介绍情况的工人误把电磁铁叫作电池,而把电池称作"杯子"。达文波特之后也一直用错误的名称,多年后才被人修正过来。

达文波特显然克制不住自己的热情,提出要从工厂里买下一部1.81千克的演示用小型电磁铁。他最后买到了价值75美元的磁铁,那是原来要购买铁原料的进货款,外加一笔从兄弟那里借来的钱。家人和朋友们认为那次愚蠢的决定可能是达文波特的一时冲动,都劝他把磁铁安置在店铺里展示,然后卖票供人参观。运气好的话,他还有机会弥补一下自己的过错,甚至收回付出的成本。

但是达文波特另有想法。他身上有富兰克林的探究精神,因此开始拆解买到手的装置,研究每一块部件的秘密。他让妻子在一边记录,小心翼翼地把电池拆卸开,不久后又成功复制出电磁铁,据说他用妻子结婚礼服上的布条作为线圈的绝缘材料。磁铁制成后他着手开展实验。

达文波特用了不到一年时间制成了旋转式电机,每分钟达到30转——也有说法认为实际转数要低很多。从各方面衡量,他研制的电机没有太大的实用价值,也完全不是个人的独创。亨利和法拉第已经发明了小型的电动机。工匠都应该是讲求实效的,但是达文波特却是一个最不切合实际的人,只有他发现了不起眼的电机在工业上的应用潜力。

佛蒙特的铁匠差一点就实现了发明实用电机的目标。毕竟他见到了钢铁厂里使用的亨利的电磁铁,也认识到电磁铁能够替代人工劳动(它比一个成人能提举更多的重量),并从一个小电机上得到了验证。那么一个踌躇满志的年轻发明家如何异于常人呢?那就是用体力和脑力找到解决问题的办法,把一些不相干的元素融合在一个简单装置上。

达文波特固执地继续研究,差一点抛弃铁匠铺的生意。除了埋头改进电机的工作,他对其他事务一概置之不理。邻居们嘲笑他的荒唐,生意也逐渐荒废下来。达文波特向本地的牧师诉苦求教。牧师的意见是,“如果这种奇妙动力真的有用,那么很久以前就会得到应用了”。达文波特没有理会牧师的劝告,继续进行实验。

达文波特也像法拉第和亨利一样有着坚定的信念,但是他所掌握的有限科学知识的确与研究热情不相配。在历史记载中,他身上体现的是不朽的美国神话:名不见经传的发明家独自在作坊里敲敲打打,甘愿忍受着发明探索的孤独。然而即使那些最精彩的神话传说也只能滋养我们的无限遐想,却不会得到科学界的特别青睐。

达文波特最后离开自己的铁匠铺,到外面去筹集研究经费并寻求技术支持。他拜访过明德学院(Middlebury College)的爱德华·特纳(Edward Turner)教授,开始阅读一些科学期刊,包括西利曼主编的《美国科学杂志》,并从中了解到亨利所做的工作。与亨利不同,他为自己的设计申请了专利,以后又成立一家公司,并用发行股票的方式筹集研究经费,同时把专利推广到欧洲。为了融资,他去过纽约州特洛伊城的伦斯勒理工学院(Rensselaer Institute)和同在该州的萨拉托加斯普林斯（Saratoga Springs），也到过波士顿，后来又在费城的富兰克林研究所（Franklin Institute）停留，寻求技术和资金支持。最后一站是普林斯顿，亨利的家门口。

这位传奇性的科学家的确给了达文波特一些忠告，鼓励他继续开展研究，但建议把电机造得再小一些。亨利的理由是小型电机不单制造成本低，而且同复杂的工业用设备相比，投资者更容易忍受小型的试验性设备所出现的缺陷。

然而，同达文波特会面后，亨利给西利曼写了一封信，明确表达了对那位铁匠的不信任，"我对他的事业非常感兴趣，但也善意地劝他放弃那项发明"。

痴迷于研究工作的达文波特当然没有放弃，一如既往地埋头苦干着，设法四处筹资，并在媒体上不断宣传，希望吸引更多的投资人。1837年4月份的《纽约先驱报》（New York Herald）的头版标题是"**一场哲学领域的革命：新文明的曙光**"。与亨利不同，当时的记者看到小电动机的演示后便相信它一定能发挥大用途。详细描述了达文波特发明的电机后，那位没有署名的记者写道："我们可以毫不怀疑地认为，使用蒸汽动力、畜力和水力的时代将一去不复返了。这并不是没有根据的幻想"。

达文波特设法用原电池产生足够大的电力带动了一台车床，后来又把电动机应用到微型的电磁轨道车上，后者只作为演示之用。其他的应用还包括第一架电磁自动钢琴以及一种印刷机。他在机器上刊印了一份不成功的新闻通信，其名称是《电磁铁》。因为不能筹集充裕的资金，他的研究项目几乎不知所终，勇气可嘉的达文波特也只是一个不起眼的历史注脚。

欧洲的研究工作也在飞速发展。爱尔兰神父尼古拉斯·卡伦（Nicholas Callan）和美国的亨利是同代人，他在罗马求学期间迷上了电学。19世纪20年代，担任梅努斯（Maynooth）学院的自然哲学教授后，他开始了一系列科学实验，它们和亨利的实验有很多的可比性。据说他曾制造过世界上最大的电池组，共连接了500多个反应单元，使用了约113.56升的酸溶液。据当时的记者报道，电池组能吊起2吨多的重量。

然而，卡伦的一项惊人发明却不在他自己的名下，那是科学史上的怪现象之一。1836年，他发现缠绕在铁芯的粗线圈有电流通过时，其附近一个更多匝数的细线圈内的电流增强了。他发现的就是感应线圈，也叫电感线圈———一种能有效增强电流的装置。然而，梅努斯学院并不欣赏他的发现成果，那里的课程设置围绕着宗教，而不是科学，所以卡伦的发明很快被人淡忘。德国出生的设备制造商海因里希·鲁姆科夫（Heinrich Ruhmkorff）在法国取得了这一装置的发明者之名，感应线圈又称为鲁姆科夫线圈。

达文波特的研究虽然失败了，但是更多不同的电动机被研制出来。1838年，苏格兰发明家罗伯特·戴维森（Robert Davidson）制作了多种电动装置，包括一台电动机车，他命名为"伽伐尼电车"，每小时能嘎嘎作响地匀速跑约6.44千米，但是经过计算，用电池驱动要比用烧煤的蒸汽机驱动的成本高4倍。

1839年，在俄罗斯工作的德国科学家莫里茨·赫尔曼·雅可比（Moritz Hermann Jacobi）在沙皇尼古拉一世的授命之下，制造了电池动力船，长约8.53米，宽约2.13米，由300多个丹尼尔电池（也有人说是格罗夫电池）驱动多个桨轮，同时安装一台一马力的电磁引擎。可是所有电池的分量太重，极大影响了船只的航行速度。这次实验从实用角度看是失败的，从技术角度看则是成功的。19世纪后期，泰晤士河上的往来汽船将使用电力驱动。1851年，美国国会批准查尔斯·佩奇（Charles Page）建造电力火车，使用的是100个格罗夫电池。因为电路的各种故障，速度虽然比罗伯森的火车快了一点，但是可靠性不足。

电池技术的成本依然高昂，难以为人接受，只有在反复试验和不断探索中得到发展进步。随着新设计出来的电池（诸如格罗夫的硝酸电池）能够提供稳定和较为持久的电流，新技术的广泛推广也指日可待了。

19世纪50年代，德国的化学家罗伯特·W. E. 本生（Robert Wilhelm Eberhard Bunsen）也在苦心研究电池。我们今天熟知其名是本生灯，那是当年为海德堡大学（Heidelberg）设计的，替代以前实验室专用的煤油灯。很少有人能记得本生的电池，但他在电池设计的发展过程中占有重要地位，他用碳棒取代了格罗夫使用的昂贵铂电极，彻底降低了电池的制造成本。从此以后，即使最普通的业余发明者和财力有限的实验室都能用得起可靠的电源，同时电池这种神秘的电源开始步入工业生产领域。

有人预言过电的应用首先会通过电动机取代人工体力劳动，也有人认为电没有什么用途，或者只是一种新奇的玩意。事实证明他们都错了。考虑到科学技术的现状，电力的优势只能发挥在小型动力装置。所以，广泛应用电力的第一个领域是通信业——即电报技术。

六

上帝的杰作?

要想制造一个奇迹,你就得有所舍得,铺排一点。虽然有点劳神费力,有时还要破费一番;但是最后都赚回来了。

——马克·吐温,《重返亚瑟王朝》

正如历史书里的传奇记载一样,塞缪尔·莫尔斯(Samuel Finley Breese Morse)发明的电报机及其电码,有力地回击了各界的怀疑,并拓展了科学技术的疆域。正是莫尔斯的发明,人们第一次能克服距离的阻隔,实现了美国东西海岸间的信息传递。法学家奥利弗·温德尔·霍姆斯(Oliver Wendell Holmes)对电报的评价是"……如果各地的城镇和省份是生物体的器官和肢体,电报线路就是铁做的神经网络,飞快往复地传递着人们的感情和意念"。

莫尔斯用了几十年亲自书写了这部传奇,他的辛勤使传奇愈加丰富,发明并维护电报更是付出了很多辛苦。发明电报的曲折及其发明者的真实情况要比他自己的描述更有戏剧性,而是非曲直只能任人评说了。

莫尔斯的真正才能是整合所有毫不相干的因素,最终发明了有线电报技术。他也具备别人没有的天时地利。莫尔斯走上历史舞台之际,若干项科学实验成果已经为电报的发明打好了技术基础。

当时所缺的是进一步改进那些基本技术细节并组织整合相关要素的关键人物。换作21世纪的公司语境,莫尔斯的角色就是项目经理,负责吸引并整合专业知识、筹集资金,甚至游说政界,最终把实用技术付诸实践。这可不是一个简单任务。推动工业革命的是蒸汽机之类的成熟技术，而当时电磁感应的运转原理不像齿轮和锅炉那样直观，尚未得到完全信任。

虽然莫尔斯的电报是新技术，但是远距离快捷通信的概念已经出现了几百年。人们坚信能够实现即时通信，即使这一概念还没有变成现实。追溯到16世纪，欧洲就有一种神奇装置的传说，它有罗盘一样的感应"磁针"，能把信息传递到遥远的地方。有关的详细描述出现在17世纪的《学术序言》（*Prolusiones Academicae*）中，该书作者为意大利耶稣会学者法米亚诺·斯特拉达（Famiano Strada）。

法国的克洛德·沙普（Claude Chappe）及其兄弟勒内（René）设计的第一台真正的电报装置根本没有使用电，而是在几个信号塔间安装几根用于发信号的机械吊臂，通过吊臂的升降组合拼出字句。虽然很少有人注意过，但沙普曾利用莱顿瓶试验了电动通信方式，只是成效不大。静电技术满足不了电报的要求，所以他把注意力转向了可视通信。他为最初的设想起名为"速记器（*tachygraphe*）"，源自古希腊的"速记员"。后来在一位古典文学家朋友的指点下，沙普把自己的设计改称更贴切的"远程记录器（*telegraphe*）"，就是后来英语中"电报"一词的由来。

那些信号塔相隔几千米分布在法国境内，杠杆和滑轮构成其巧妙的控制部件，设计者是钟表匠亚伯拉罕-路易·布雷盖（Abraham-Louis Breguet），他的姓氏一直是奢侈钟表的代名词，后来又以机电式收报机制造商的身份进入电报市场。信号塔系统是通信技术的一次突破，特点是过于笨重，需要耗费大量劳动力。1797年版的《大英百科全书》向沙普兄弟的发明表达了敬意，肯定了信息传递的效率，"成排的信号杆把遥远国度的都城联系起来，现在耗费数月或数年才能解决的争端将会在几个小时间完成"。百科全书条目中流露的乐观态度既真诚又持久。两个世纪后的互联网上仍然出现类似的动情赞誉。

不到几年时间，欧洲各地都开始出现信号机系统，后来的叫法是光电报系统。拿破仑是积极支持者，他下令把信号塔一直修建到布伦港（Boulogne）。在准备入侵英国期间，他布置专人研究把信号发送过英吉利海峡的可行性。19世纪30年代中期，整个欧洲星罗棋布地分布着特点各异的信号塔，发挥了相当不错的效果，较过去的各种通信方式是一大进步。

我们现在从接近实时的角度衡量通信技术的优劣，即电话交谈或书写并发送电子邮件和短信所耗费的时间长短。但是纵观人类历史，通信时间的衡量标准则是交通，即路上走的时间长短。换句话说，通信时间取决于马匹或船只的行进速度，还要考虑许多可变因素，比如天气的好坏甚至送信者的可靠性等。通信延迟或错误的情况极其普遍，以至于戏剧中的经典情节就是由此设计的。莎士比亚笔下的人物因为屡次使用过不可信的或行动迟缓的信使,跌宕的故事情节便顺理成章了。如果时运不济的青年男女能有发短信或打手机的机会,那么《罗密欧与朱丽叶》的故事一定会有不同的版本。

交通运输随着基础设施一起不断改进,马车和邮轮跑得更快了,道路更顺畅了,导航手段也更精确了,通信的耗时也变短了。然而,沙普兄弟发明的光电报系统能在几小时内把消息传递到几百千米外,注定是革命性的成就,是工程奇迹,是不同于罗马高架路或美国铁路网的国家骄傲。

现已废弃了的沙普信号塔不是凭空得来的灵感,因为前人已经播下了技术的种子。1816年,英国气象学家弗朗西斯·罗纳兹(Francis Ronolds或Ronalds)用摩擦发电器沿着导线发送电脉冲,移动了一对悬起来的沥青球——相当于初级的电压计或静电计。他主动把自己的发明呈报给皇家海军部,却被拒之门外。就军事部门而言,电学仍停留在自然哲学的框框里。当然还有早年的亨利,自从到奥尔巴尼学院开始,他用导线中的电流把铃敲响的方式吸引了学生。在亨利的所有发明中,继电器(一个次级电磁铁及其供电的电池)证明是电报发展不可缺少的。

1753年2月17日,《苏格兰人》杂志上登载了一封神秘信件,署名为"C.M."。信中详尽介绍了一项电力通信系统的设计方案,其设想十分大胆离奇。方案中包括一些杆柱和上面架设的导线,每个线柱代表一个字母。18世纪90年代,身为商人和工程师的奥古斯汀·德·贝当古(Agustin de Betancourt)在马德里和阿兰胡埃斯(Aranjuez)之间搭建通信线路,由70多段导线组成。19世纪30年代,德国数学家卡尔·弗里德里希·高斯(Carl Friedrich Gauss)在哥廷根大学的楼顶间设立了简易通信系统,使用过一个指针左右摆动的装置。还有其他一些实验在不同程度上证明了电报技术研究的存在。

莫尔斯所处的正是这样一种环境,当时已经出现了科学基础和早期的电报原型。传奇中的莫尔斯以前是奋斗中的画家,从欧洲旅行的归途中获得了灵感。故事的第一部分当然没错。莫尔斯的确是画家,艺术生涯也不顺利。他对艺术的热爱是不容否认的。他在早期给母亲的信中曾不谦虚地说:"我的理想是成为大师,复兴15世纪的辉煌,我的天才胜过拉斐尔、米开朗琪罗或提香;我的理想是成为这个国家冉冉升起的璀璨群星中的一颗"。

雄心勃勃的莫尔斯也是一个激进狂热的爱国者。19世纪初,他要积极发动美国的第二次文艺复兴的想法完全符合其个性。《众议院》是他的一幅杰作,超过约272.16千克重的巨幅帆布画作。莫尔斯的初衷是想展现"……国家会堂的全景和国会开会期间的工作过程"。他带着作品四处巡展,可以算得上有线电视

C-Span频道的初级翻版。观众需要付费才能欣赏画作，但是没有实现预期的参观人数，最后的收益也事与愿违。

莫尔斯生于1791年，美国独立战争刚过去不久，家乡离富兰克林的出生地很近，所以他的亲美思想很强。但是将爱国热情推向极致的则是父亲杰迪戴亚（Jedediah），一位福音派的加尔文主义传教士。对于那些妄图摧毁美国的各种阴谋，杰迪戴亚都持怀疑态度。

假如莫尔斯继承了父亲的激情和偏见，那么就需要释放的出口。因为无法进入有利可图的肖像画行业，也不能开创美国版的文艺复兴，而当时电磁感应式电报的新技术吸引了莫尔斯，他准备把全部精力投入新的项目。他已经尝试过发明工作。1817年，与兄弟一起发明的弹性水泵得到了专利，虽然产品的声誉不佳，但多少也挣到一点钱。

不安分的莫尔斯从纽约跑到欧洲和墨西哥，然后又返回欧洲。1832年，他从英格兰乘坐"萨莉"号邮轮回家的途中，遇到来自波士顿的查尔斯·杰克逊（Charles Jackson）博士。25岁的杰克逊从哈佛毕业后当了内科医师，他也是业余科学爱好者，在欧洲学完地质学后正要返回美国。杰克逊带上船的有岩石样品，也有一件小电磁铁和电池。时年41岁的莫尔斯看到他的演示后，被深深吸引住了，决定从事电学方面的实验研究。

可是莫尔斯做事极不专注，到了纽约后便在纽约大学谋得一个教授职位，继续从事绘画，又帮助建立了美国国家设计学院，开始了一段社会活动家和政治家的特殊人生。

1837年，他通过报界的兄弟获悉法国人戈农（Gonon）和塞尔瓦（Serval）演示了一种电报机，能把信息瞬间发送到远处。从英格兰回国的莫尔斯曾不时把玩电报机，尽管没有意识到他们正在改进沙普的光学电报系统，却也提醒他更加关注电报技术，他了解到欧洲正在把电磁感应原理应用到电报技术的研究，而且那些独立的研究者们取得了或多或少的成功。

英国的查尔斯·惠斯通（Charles Wheatstone）和威廉·福瑟吉尔·库克（William Fothergill Cooke）的研究工作是最成功的，前景也最为人看好。出身乐器制造商之家的惠斯通精于手工制作。他制造的一件乐器在当地小有名气，自命名为"魔法竖琴"或"aconcryptophone"，听起来像不同的器物。其实那是纯粹骗人的把戏。悬挂竖琴的绳子实际上是中空的，起到了传声筒的作用，可以把别的房间里乐器演奏的声波传递过来。那架竖琴就是一种原声放大器。之后他又用手风琴显示自己的发明。

库克提前从军队退役，为了生计曾为医学院校制作过解剖用的蜡质模型。

他和莫尔斯相似,总在找寻发迹的好机会。

19世纪30年代,惠斯通和库克几乎同时产生了研制电报机的设想,并最终决定联手工作。因编纂辞书闻名的皮特·罗热(Peter Roget)介绍二人结成一对临时搭档。罗热是皇家学会会员,也做过多项电学实验。启发库克的是帕维尔·利沃维奇·希林(Pavel Lvovitch Schilling)的一次讲座。希林男爵是一名俄国外交官,19世纪20年代发明了初级的电感电报系统。这套装置和亨利早期的实验很像,主要使用电压计向各处发送信号。希林费尽周折说服沙皇尼古拉一世建设电报网,可是工程开工前他却不幸去世,该计划即遭废止。

海德堡的一位教授得到了希林的一台仪器并珍藏起来。库克在讲座上见到的便是那台仪器。他立刻着手自己设计电报机,使用了3条指针和6根导线,同时编配了繁琐的代码。

惠斯通的自负性格令人无法容忍,有时又极其腼腆。他设计了简易的六线式电报机,能激发菱形面板上的5个独立指针。他为电报系统准备了约6.44千米长的信号线。尽管他们二人多年不和,可是要顺利完成发明设计只有靠合作。二人组的对外代言人是库克,他在惠斯通面前总以前辈自居,而惠斯通则坚称功劳是自己的,并在签字署名时总是计较排名先后。

两人在19世纪30年代获得了电报系统的专利——电子发报机的首个专利。最早的实际应用是在伦敦郡的尤斯顿和坎登两个车站之间,通过约1.61千米长的导线传达火车进出站信息。试验是成功的,公众也热情地接受了电报,主要原因是新技术淘汰了过去车站使用的刺耳哨声和敲鼓声。

因为惠斯通和库克全面注册了专利,他们发明的电报后来在英国没有对手。事实上,他们在美国的专利登记日期是1840年6月10日,而不幸的莫尔斯递交申请是在同年的6月20日,就差10天没有成功。

大受刺激的莫尔斯心有不甘,开始营造声势,首先让当记者的兄弟发布自己的发明成果,然后征集“萨莉”号上同船乘客的证据,确定发明的时间线。他坚决要击败欧洲的对手。要维护自己的权利和应得的历史地位。只是存在一个问题:他的电报系统过于复杂,效率也不及亨利所使用的系统,那时候的莫尔斯还没有乘船返乡。那并不意味着电报机不好用;它的运行有一个局限,信号在12.19米左右就陡然减弱了。

为了解决传输距离问题,莫尔斯拜访了新泽西学院的亨利。亨利毫无保留地与之交流包括继电器的概念以及如何提高电池的功率等方面的经验和想法。他又请来纽约大学的化学教授伦纳德·盖尔(Leonard Gale)帮忙。经过盖尔的分析,问题变得简单:莫尔斯使用了错误的电池和磁铁。把原来单槽的铜锌电池换成40槽的更大、更高效的电池组后，盖尔又开始研究莫尔斯的电磁铁。

莫尔斯并不了解电学研究的最新进展，他制作的电磁铁接近斯特金的设计，线圈缠绕得很松散，而亨利的磁铁线圈包裹得非常紧密。增加缠绕导线的圈数便解决了问题，磁铁的吸力明显增强。这两项改进处理（在科学界是多年的共识）把电报信号的传送范围从12.19米扩大到518.16米左右。

经过明显改进的系统仍然不具备商业实用性。莫尔斯完全可以像亨利一样，先在自己的画室里或纽约大学的建筑物间拉起电线试验，但是他有更庞大的计划。1837年，莫尔斯搞了一次公开演示，大张旗鼓地给政府去信要求资助。可是他正赶上最不利的时机，1837年5月，华尔街的投机泡沫破灭后引发金融大恐慌，致使美国近一半的银行倒闭，资金也蒸发掉了。为了影响公众舆论，莫尔斯加强了宣传活动。那些面向大众的多家通俗杂志上很快登载介绍性文章，其中包括《商业日报》。

莫尔斯又得到一名学生的鼎力协助。阿尔弗雷德·韦尔（Alfred Vail）的家族在新泽西拥有斯比德威尔钢铁厂，他给老师带来的是自己所学的机械专业知识，一家工具与模具制造公司的资源，更有其殷实家族所提供的救急资金。合伙人制成的第一组新电池是格罗夫型电池，设计十分精巧，装在内涂蜂蜡的樱桃木匣里。它就是一个小型化学电站，做工和配线都足够讲究，绝缘材料竟然是淑女帽子上才用的高级货。

韦尔拥有胜过老师的工业设计头脑，不长时间便设计出完美的发报电键或是收报机。年轻人的才智还表现在编码方面，他舍弃了厚重的代码字典，那里面包含莫尔斯曾经辛苦汇集起来的全部内容，而是选择了一套简便的二进制码，用点和线的不同组合代表字母表中的各个字母。在研究编码过程中，韦尔向当地报社的排字工们请教哪些字母的出现频率最高。他把最简易的点线组合留给使用率最高的字母。例如韦尔用一个点代表字母"e"，而出现率不高的"q"所配的代码则是更复杂的两条线、一个点，再加一条线的组合（－·－）。

当然，这套代码系统后来被称为莫尔斯码，而不是韦尔码。莫尔斯始终称韦尔是他的"技术助理"，但真正有功之人其实是韦尔。

国会收到一份提案，建议在纽约和新奥尔良之间修建沙普式信号传送塔系统。此时莫尔斯觅得了良机，把一套简易型电磁感应式电报系统带到华盛顿进行展示，相距几米布置好发报和收报站。国会议员们无法真正领会电报技术，因此根本无动于衷。毫不气馁的莫尔斯决定到欧洲推广自己的设计，但是欧洲正普遍采用惠斯通的电报系统，所以他又回到美国并安排了又一次的演示，这一次在国会大厦的两个委员会办公室之间架设了信号线。

经过调整的演示实验吸引了议员们的注意，但是莫尔斯还要大力游说，在与知名科学家的信件往来中寻求理论支持。亨利在一封信中提出建设电报系统的请求，并将其上升到国家荣誉的高度。戴维建造超大电池的筹资手法与此完全相同，约翰·肯尼迪总统也打出类似的一张牌，目的是举全国之力搞太空计划。亨利认为投资该项目不仅是满足通信业务的实际需要，而且能"提高本国在科技领域的声望""……借机配备强于欧洲竞争者的通信设备"。

莫尔斯不辞辛苦地推广电报，只要有人能帮他启动项目，他都会为其演示自己的系统。期间经历了比较怪异的事情，莫尔斯曾试图与大名鼎鼎的左轮枪发明者柯尔特合作。"征服西部名枪"的发明者柯尔特当时刚刚28岁，在海军部里任研究员，正在试制电学武器。

柯尔特提出了防水电池的设想。这种电池能引爆水雷，被称为水下电池，可以充当海岸防卫的手段。研制工作尽管处于高度保密状态，他还是在华盛顿和纽约进行了4次公开展示。过了一段时间，他将把注意力转向电报技术，继莫尔斯之后自己建造了一套短命的电报系统，在科尼岛与曼哈顿间负责进港船只的信号发送。

1842年，莫尔斯试图把电报信号发送到纽约港的对岸，但是低功率的电池造成实验失败。同一天，柯尔特做了一次轰动性的演示。约4万名观众聚集在曼哈顿下城区的海滨沿线，目睹柯尔特释放的电荷引爆了纽约港内的一艘船。船的名字恰好是"伏打"号。除了盛大的场面，那次演示没有什么特别之处。戴维演示莱顿瓶的时候，点燃的是台上的一小堆火药；伏打用电池在拿破仑面前要了同样的手段。柯尔特使用的烟火技术肯定给人留下了深刻印象。

几十年后的1889年，马克·吐温的名著《重返亚瑟王朝》(*A Connecticut Yankee in King Arthur's Court*)的主人公汉克·摩根(Hank Morgan)完成了一次壮举，很可能仿效了柯尔特的爆炸手段，他借助放电作用炸掉了一栋房子。书中写道：

> 我们敲掉木桶的顶盖，再把它抬吊起来并牢牢固定在小礼拜堂的平屋顶上。接着在桶底松散地撒了一英寸(约2.54厘米)厚的火药，又一支挨一支地插上烟火，不同类型的火箭挤在一起，差不多能自己立起来了；我敢保证，真是好大的一捆烟火呀。我们把火药和袖珍电池用导线连好，又在屋顶的四个角上放上一筒"希腊火"，就像火药库一样——一角是蓝色焰火，一角是绿色的，另一角是红色的，最后一个则是粉色的，每一木桶都插上了电线……

马克·吐温的一句名言准确概括了莫尔斯那个时代的人们对技术的认识，

"要想制造一个奇迹，你就得有所舍得，铺张一点"。柯尔特以及莫尔斯都会喊出同样的口号。公众和皇室受到马克·吐温小说的影响，很容易转变自己的认识。莫尔斯没有在困难面前退缩，他只需要说服华盛顿的立法者再开出一张更大的支票。

可是这并不容易。议员们完全不相信变化莫测的电报技术。1843年3月初，议会进行了最后一次辩论，田纳西的众议员凯福·约翰逊（Cave Johnson）无情地嘲弄了出资提案，认为投资给所谓的"电磁电报"无异于资助催眠术之类的邪术。不管怎样，提案还是获得批准，国会没有多大信心和热情。为了"避免承担把钱花在他们不理解的机器上的渎职责任"，70位议员投了弃权票。莫尔斯最终拿到3万美元，在巴尔的摩至华盛顿之间架设一条约64千米的电报线路。

工程设计的原方案是把线路铺在现有铁路线的地下，但这一方案需要征得许多沿途土地所有者的许可，于是中途放弃改为在线杆之上架线，新设计只需和铁路公司商谈便可。另外则是工程技术方面的原因。铁路直接把两座城市连接起来，沿线已经进行过勘测和清理，减少了工作量。随着电报线路在全国各地铺开，铁路线发挥了极大作用。虽然有铁路线连接，很多乡村小镇

莫尔斯发报电键

之间却没有直线的道路。铁路站也为电报经营提供了人员和办公地点。

巴尔的摩-俄亥俄铁路公司最后同意合作，条件是一旦电报系统能正常工作，它要得到系统的使用权。制定了周全的和约之后，铁路方的律师又增加了一条，明确电报"不会妨碍本公司的经营"。

英国的电报系统与邮政服务的关系一直紧密，美国的电报业务和铁路系统也同样密切关联。这种互利双赢的关系维持了几十年，因为铁路公司在不断扩展业务，正需要配套的通信手段，而电报公司也需要城市间产权单一、勘察完备的建设用地。

即使已经批准拨款，国会议员们仍然心存疑虑。他们不知道电报技术能否成功，也担心莫尔斯是江湖骗子。为了不使自己身陷丑闻，国会委派约翰·W.柯克（John W. Kirk）担任观察员。如果莫尔斯在骗钱，或者技术有缺陷，柯克会及时发现，国会便能摆脱将要面临的尖锐指责。

第一段试验线路非常笨重，收发两端使用了巨大的格罗夫电池组，每组包含80个单极电池，莫尔斯后来大幅减少了电池数量。64.37千米长的线路中使用继电器完成信号传送，但是型号过大。有报道说，那些中继装置重达约68.04千克，安装在91.44厘米长，60.96厘米宽的木箱中。这些继电器的工作原理比较容易理解。报务员按键时发出电脉冲信号，继电器的磁铁便打开一个新的电路，其电力来自木箱里的电池。电路中的电荷产生新的脉冲信号，它与报务员的原始信号完全相同，并传递到下一个继电器上。

亨利最先想到了中继概念，是远距离电力传输的全新方法。因为有了继电器，即使信号不够强，也能在连续线路中传输到千里之外。我们只要把信号传到几千米外的机电中继装置上就可以了。通过增加继电器的数量，电报信号的传输距离就是无限的。莫尔斯后来说："假如信号能保持10英里（约16.1千米）不衰减，我可以让它绕地球跑一圈"。

1843年5月23日，莫尔斯在最高法院向巴尔的摩的蒙特克莱尔站发送了第一条电报。这条著名电文是引自《圣经》的一句话："上帝创造了何等奇迹啊！"从技术角度上讲是不容置疑的。但是首次发报情形却没有太多的诗情画意。观察员柯克看到的只是一场电报的应用演示，韦尔在3周前的试验中曾在电报中发送过共和党全国大会的候选人名单。当时的线路并未完工，距终点巴尔的摩尚差24.14千米，可是试验结果足以使柯克信服电报的可靠用途。1个小时后，火车才送来相同内容的名单。

有关莫尔斯"快速通信线"成功的消息不胫而走，但是电报业务并没有实现直接的盈利。巴尔的摩至华盛顿的首条公共电报线路开通后，第一周的总收入只有1美元左右。莫尔斯打算以10万美元的价格把公司出售给政府，但因为项目挣不到钱而遭到议员们的回绝。纽约开设电报局后，莫尔斯让人买票参观报务员的工作情景，以此贴补公司收入。

电池（也就是电力）已经发展到一个转折点。毫无疑问，即使没有带来可观的效益，电报技术的实用性已经得到证明，那么电池技术也就进入了工商领域。

电报技术很快发展成大生意。电报公司同铁路公司一道成为美国早期的大型企业。后来表明，包括政府在内的所有人都误判了这门技术的潜力。发报成功后不到两年，多家独立的电报公司已经架设了总长约3 218.69千米的电报电缆，截止到1850年，据说纵横美国的乡村和城市间的线路总长约1.93万千米。欧洲发展起来的电磁式电报线路长度有几百千米，从一些主要城市向外辐射。法国的起点好像比较晚，其原因就是较早采用沙普的光学信号机。这种复杂的通信系统在欧洲应用最广泛的地方就在法国，很多法国人都觉得效果不错。有趣的是,法国最终也采用了新的电报系统,设计者包括路易-弗朗索瓦·布雷盖(Louis-François Breguet),其祖父就是设计光学信号系统的亚伯拉罕-路易·布雷盖。光学信号系统又称"法式电报"或"布雷盖电报",在法国和日本使用了很多年。

工商企业为了取得竞争优势,不久便开始依赖电报。正如个人用的和便携式的小装置改变了21世纪商务通信的预期一样,电报确立了19世纪中叶的业务标准。

各家公司为了对自己的业务保密,开始争相使用电报密码本。莫尔斯向64.37千米外发送了那句著名电文后不到一年,他的律师,有时也是项目推广人(正好是批准试验电报线的审核委员会的负责人)、前国会议员弗朗西斯·史密斯(Francis O. J. Smith)出版了一本商业密码本——《通信密语:莫尔斯电磁式电报系统专用》。

铁路线或航线的开通需要巨额投入,而电报业务则不同,其门槛相当低。美国电报公司的数量在以指数级增长,线路铺设的速度同样飞快,从而使发展局面变得混乱。随着电报公司越来越多,服务质量开始急剧下降,甚至竞争者也开始瓜分他们的利润。各家公司为了抢占市场份额,继续铺设更长的线路,快速扩张网络。

到了最后,开始出现了公司间的合并重组,先是区域性的,后来发展到全国范围。1850年,商人海勒姆·西布利(Hiram Sibley)发现了并购时机,组建了"西部联合电报公司",其前身是"纽约和密西西比河谷印刷和电报公司"。西布利的计划很简单:收购或兼并所有他能找到的苦苦挣扎的电报公司。"对我来说,西部联合公司就像在收罗美国全部的乞丐,然后把他们团结起来并让他们变成富翁。"这是一位理财人士的妙语。

西部联合电报公司的成功当然有多种因素,其中最有趣的是"梅特卡夫定律"在19世纪的演绎。罗伯特·梅特卡夫(Robert Metcalfe)是施乐公司帕洛阿尔托研究所的工程师,也是以太网的发明者之一,以他姓氏命名的定律表示某一网络的价值随着其用户(或安装的通信设备)的数量增加而增加。换句话说,光有1套电报系统是没用的,2套比较勉强,如果有6套效益就更好了。确切地讲,网络价值与入网的设备或用户数的平方成正比。

西部联合的电报线路把成千上万台发报机连接起来,形成了一张天衣无缝的大网。随着包括电池和所需的化学材料在内的配套设备逐渐标准化,规模经济效益开始显现,发送电文的利润率也在提高。

应用最普遍的电池是格罗夫式锌-铂硝酸电池。这种电池和我们今天所用的电池完全不同,主要作为工业设备使用,其维护需要专业训练。普通民众想要了解电报专用电池及其组成部件、技术参数和正确保养等知识,必须要参考厚厚的内部技术手册和有关书籍。

电报业的发展历程中不乏趣闻逸事。报务员当中开始出现一种亚文化，类似于维多利亚时代的排字工群体或现在的技术支持人群所出现的特殊文化现象。他们用缩略语替代一些常用的信息，比如餐间休息或象棋的走子方式。一些语言学家认为，英语中的流行词"okey"来自电报业的行话"Open Key Prepare to Transmit"的首字母，意为"开启按键准备发报"。新手报务员被称为"Ham（火腿）"，后来成为业余无线电爱好者的代名词。清闲的时候，相隔遥远的报务员们会聊天、讲笑话。距离不能阻隔乡村地区的兼职电报业务员互相斗嘴吵架，他们的工作还包括售卖火车票、查验车站的货运情况，更要抗衡大城市的那些专业报务员。

后来这些人会以"兄弟"相称。维持一切运转的是电池的力量，遍布全美国的各地电报局和中继站使用着几十万组电池。

苏格兰数学家、物理学家和业余诗人麦克斯韦在其《电报传递的爱情诗》中生动刻画报务员心态的同时也描述了电报技术。

> 虽然我和你远隔万里，
> 但我们的思绪交织在一起。
> 就像电流计的回路和指针那样，
> 你的思绪始终萦绕在我的心间。
>
> 像丹尼尔一样永恒，像格罗夫一般强壮，
> 又像斯米那样热情奔放，[①]
> 我心中涌出爱情的潮水，
> 它们又都流到你的身边。
>
> 啊！请告诉我，
> 当电文从我心头发出，
> 在你身上感生出什么样的电流？
> 你咔嗒一声就会消除我的苦恼。
>
> 韦伯穿过一个又一个的欧姆，

---

① 丹尼尔、格罗夫和斯米分别指3种电池。

把回音带给我，

我是你忠实而又真诚的法拉，

充电到一个伏特，表示对你的爱。

1861年6月4日，横贯北美大陆的电报线路开始动工修建，东部起点是奥马哈、拉勒米堡和盐湖城，西部终点是旧金山。政府为连接东西海岸的电报工程投资4万美元，预计2年能完工。实际工期是4个月，比连接东西两岸的铁路线工程提前了整整8年时间。新建的电报网不仅连通了幅员辽阔的美国本土上的通信，而且证明了陆上的旅行时间再快也比不上通信技术的效率。美国的城市散布在北美大陆各处，距离障碍一度令人畏惧。新的电报工程不单是距离消失的又一次例证，更为国家治理提供了一项有效手段。

驿马快信制度一直是美国人心目中所珍爱的通信手段，当时却完全陷入经营困境，主要原因是电报技术的应用。1860年4月开办的驿马快递实现了东西两岸间的陆上邮政畅通，却竞争不过1861年10月开始运营的电报业务。驿马快递需要10天才能把信件从东部送到西部，因为亏损，仅维持了几周便闭门歇业了。

在快速扩张期间，公众不可能充分体会电报业的非凡之处，当然也有人对电报技术嗤之以鼻。亨利·大卫·梭罗（Henry David Thoreau）讥讽电报"手段改良了，效果还是糟糕透顶"。霍桑（Hawthorne）的名著《七个尖角阁的老宅》（*The House of Seven Gables*, 1851）中的两个人物曾争论过新技术的优点，其背景则是迷信和巫术。

"对了，还有电——既是天使又是魔鬼的强大力量和无处不在的智慧！"克利福德大叫道，"难道这也是一派胡言？通过电，物质世界变成了一个巨大的神经系统，瞬息之间就能把能量传到千里之外，这是事实，还是我在做梦？倒不如说，这个圆圆的地球就是一个巨大的脑袋，一个充满智慧的大脑！或者我们可以说，它本身就是一种思想，只是一种思想，而不是我们所认为的物质！"

"如果您指的是电报，"老绅士瞥了一眼铁路沿线的电线说道，"那了不起的东西，当然啦，我是说，假如它没有被棉花投机商和政客们掌握的话。先生，它的确是个好东西，尤其是在侦查银行抢劫犯和杀人犯方面极其有用"。

这种争论在今天看来虽然显得古怪，但是略微改编就会有新的意义，可以参照过去几十年间进入我们生活的各种新技术,比如因特网或移动电话等,它们都曾引发过人们的争论。那个时代也像现在一样经历着巨变。金融资讯能够迅速传播,公司开始扩张、开办分部,同时铁路交通的运行也更加准时了。

科学事业同样受益于电报技术。为了测量由东至西的国土经度信息,美国政府出资进行了一次海岸测绘工作,在此期间,天文学家通过电报在天文台间分程传递时间信号,以便获得精确数据。

问题也出现了。美国采用地方时间制度。如果想要在远距离做生意或者严格遵守日程,距离感的消失却给商业造成破坏。信息的快捷沟通与客观世界是割裂的,其根源就是行程时间,过去是这样,现在也是如此。例如,1840年后,铁路线的发展速度差不多和电报线一样快,据说建设里程几年间就增加了10倍多。在向西部推进的过程中,如何与美国当时普遍采用的地方时制相协调是铁路公司的一大难题,因为列车的时刻表必须要和所经地区的本地时间一致。自东向西的1小时车程会使乘客的时间观念混乱。更为糟糕的是,铁路公司的总部通过电报调配资源和安排车次,而杂乱的地方时区给调度工作带来了风险。

针对这一问题,铁路公司经常把自己总部所在地的时间当作标准,以此作为解决办法。但是这样做却乱上添乱。19世纪40年代出版的火车指南和轮船时刻表原本为纠正时差,实际上造成更大的麻烦。尽管技术上接近精确,但是相距不远的城市间存在的15分钟时差很快妨碍了公司的经营活动,并在1853年酿成灾难,两列火车相撞了。双方值班员的手表显示的时间不一样,但是从技术角度看却是准确的。事故中有13名乘客丧生,多人受伤。

电报是一种接近即时通信的技术,它使问题变得更复杂。纽约的银行家要应付匹兹堡的银行咨询时刻表;大型铁路公司向西延伸线路时,其总部必须应付无数的列车运行时刻。1869年,东西铁路干线将在犹他州的海角点(Promontory Point)汇合,有一件戏剧性事件被记录在案。按照仪式的安排,中太平洋铁路公司的共同创办人利兰·斯坦福德(Leland Stanford)将砸下最后一颗道钉,同时有人向东西海岸发报通报。那只不过是宣传手段而已。可是斯坦福德并没有击中道钉,而旁边的报务员同样发出了电文——"成了"。那场景虽然平淡,但是东西两岸都得到了消息。美国各地的报纸为大铁路的连通欢呼,列出这一历史事件的准确时间,只是一地一时,各不相同。

公众经常为计时方法争论,也总有人提到全国标准时的设立话题。有时候,争论中会公然涉及宗教观念。人类或上天能设定统一时间吗?人为规定标准时间就是要取代造物主自己行事的时间体系。那是对上帝的一种蔑视,也是一种狂妄自大的罪恶表现。铁路公司丝毫不理会民间的争论，费了一番周折后，在19世纪80年代解决了问题。他们建立了铁路系统内部的一套标准时间体系。联邦政府在几年后很勉强地、谨慎地接受了标准时。

到了19世纪70年代，西部联合电报公司开始"卖时间"的业务。华盛顿的海军气象天文台通过电报遥控纽约总部楼顶的一个"报时球"，每天中午时分球会落下一次，提醒市民将表调准。钟表制造商和工商企业可以申请使用西部联合的电池钟报时服务，它们通过电报线与国家天文台直接相连，绝对准确无误。时钟配备的电源是装在玻璃罐里的勒克朗谢电池，每年更换一次。一年的服务费是375美元。

塞勒斯·菲尔德（Cyrus W. Field）赶上的正是这个电报技术的扩张阶段，并且看到了美好的前景。菲尔德出生在马萨诸塞州的斯托克布里奇（Stockbridge），白手起家的他经营纺织品生意并赚到大钱，30多岁便退出了该行业。不甘平庸的菲尔德总在寻找新挑战，后来在一位破产的电报推广人那里发现了机会。吉斯伯恩（F. N. Gisborne）试图经营纽芬兰至纽约间的电报业务，但是损失巨大。崎岖复杂的地形使公司陷入困境。电报线路不仅无法运行，吉斯伯恩也被投资人晾在一边。他遭到逮捕，个人资产被冻结。

吉斯伯恩仍然持有乐观态度，并设法鼓动菲尔德投资电报生意。他不仅要东山再起，还要实现更大的野心。纽芬兰至纽约的项目只是宏伟计划的一小部分，他要把电报线从纽芬兰建到欧洲去，长度大约2 735.88千米。有一个频繁提及的说法，他站在书房里的地球仪前冒出了那个想法，当天吉斯伯恩刚从自己在格拉莫西公园（Gramercy Park）的家中告别。"这个计划真是了不起的设想；只有上帝才知道我们没有一个人清楚自己究竟在干什么。"菲尔德后来写道。

在1854年，人们都觉得那是天方夜谭，无异于谋划一次金星之旅。菲尔德对电报技术、电学和海洋学几乎一窍不通，但是他觉得无所谓。吉斯伯恩虽然身败名裂，但是他的工程师身份却值得利用。菲尔德则可以利用自己过去的商业成就为项目筹款。或许他认识到自己将成为新时代的新型实业家的代表。既然航运和铁路业能带来滚滚财源，电报业为何不能呢？

尽管一些人敬佩菲尔德的宏大设想，更多的人却把跨大西洋电报工程视为富人的又一次闹剧。菲尔德的计划刚一出炉，便招来强烈的质疑，人们坚信这项投机工程不可能成功。有心人开列了一大堆理由证明计划失败的必然性，比如海怪、冰山、未知的海底地形、船锚、潮汐以及浩大的工程量等。英国皇家天文学家（即格林尼治天文台台长）乔治·比德尔·艾里（George Biddell Airy）自信地宣布项目一定会失败，理由是深海的巨大压力会把电缆中的电流挤没了。梭罗在1854年的作品《瓦尔登湖》(*Walden*)中进行了一番讽刺："我们急于在大西洋底挖隧道,然后拉近新旧世界的距离,但是,我们听到的第一条消息可能是阿德莱德王公主得了百日咳"。

当然,一些乐观的支持者把海底工程看作一种有效手段,会一劳永逸地给世界带来乌托邦式的永久和平。

不管怎样,菲尔德始终坚信海底工程一定会成功。事实上,他的乐观有充分的理由。1854年,电报技术经过证明是可靠的,也得到或多或少的完善。过去10年间完成的基础设施工程已经能满足基本的装备要求。比如工程所需的电缆线可以用机器加工出来,同样机器所制造的钢缆已经应用于矿山,甚至应用于越来越普遍的新型悬索桥上。他后来又发现纽芬兰外海下面的地形条件非常适合铺设电缆,平缓的地势向东一直延伸到爱尔兰一带。

其实可供借鉴的小规模施工先例有很多。早在1842年,享受着电报发明者大名的莫尔斯曾经试验过水下线缆,使用大麻纤维和印度橡胶做绝缘层。惠斯通在新英格兰的斯旺西湾(Swansea Bay)多次试验水下电线。更早的1811年,试制电动船失败的雅可比使用了胶皮线绝缘的导线引爆了圣彼得堡涅瓦河里的一枚水雷。电缆线已经铺设在很多河床和湖底了,1852年,英吉利海峡的海底电缆把英法两国连接起来了。

为了博得人们的信任,菲尔德恳请莫尔斯加入越洋电报工程。电报的发明者怎么能拒绝呢?这可是有史以来最伟大的电报工程啊。可是他要坚持以往的行事风格,担任项目经理。签约之前,莫尔斯咨询了海军气象天文台的马修·方丹·莫里(Matthew Fontaine Maury)。莫里是一名海洋学家,专门研究洋流,测探过纽芬兰海域的水深。莫里发现纽芬兰和爱尔兰之间的海底礁岩完全适合铺设电缆。莫尔斯又求教法拉第,与早些年同亨利的交往方式一样,以科学家身份去信并寻求其建议。

不知疲倦的菲尔德通过发行股票筹资,自己的出资额占总资本的四分之一。1856年,大西洋电报公司正式成立了。初期的投资人中包括《名利场》的作者威廉·麦克彼斯·萨克雷(William Makepeace Thackeray),他和狄更斯是同时代的作家;还有拜伦夫人——诗人拜伦的遗孀、奥古斯塔·艾达·拜伦的母亲。

不幸的是,菲尔德不利的无知,尤其是技术层面的无知,而空有一腔激情解决不了问题。令人奇怪的是,大西洋电报公司遇到的最大障碍没有出现在大西洋底,而是出现在伦敦。问题出在菲尔德聘请的工程师和首席电气技师爱德华·怀特豪斯(Edward Orange Wildman Whitehouse)博士的身上。

怀特豪斯从内科医师岗位退休，是业余报务员，也是绅士型的科学家，为人直率，却是一个样样通样样松的人物。换句话说，他非常自负，拒不承认错误，对别人的质疑表现得有些霸道。更糟糕的是，他在科学与工程学方面的造诣非常浅薄，所以遭到更多的质疑。后来的事表明他在公司里没有起到任何积极作用。

　　怀特豪斯在系统设计工作中的失误接二连三。开始时的一些错误很低级，菲尔德和其他投资人应该看出苗头，尤其是怀特豪斯的无能。例如，电缆是从两家工厂订购的（格林尼治的格拉斯-艾略特公司和伯肯黑德的梅尔斯-纽沃尔公司），当时只关注产品价格，却对技术参数把关不严。

　　直到一大批线缆生产出来后，错误才得以暴露。一家工厂把多股铜线按顺时针方向扭转成束，而另一家的线缆则是逆时针方向的。这两段线缆按传统方式几乎无法铰接在一起。由于两种线缆自身的应力方向相反，连接后会使其整条电缆松散开，就像拧开瓶盖一样，使用特别设计的夹钳才解决了问题。

　　线缆由七股细铜丝扭绞而成，外加古塔胶（也叫杜仲胶）制成的绝缘护套。古塔胶是早期的一种塑料，从原产自马来西亚的一种橡胶树（isonandra gutta）的树脂中提炼而来。最早把古塔胶进口到英国的是苏格兰测量员威廉·蒙哥马利，他曾为东印度公司工作，本意是用这种材料制造外科器械。大西洋电报公司的成功虽然打了折扣，但是法拉第、惠斯通以及其他人都采用古塔胶作为电线的绝缘材料。

　　古塔胶皮上是一层焦油处理过的纱线，最后再缠绕铁线。线缆的直径约有1.27厘米，具有分量轻、韧性足的特点，每海里长的自重在48.53千克，可是结果却完全不适用。怀特豪斯做过小范围的试验，没有考虑工程的浩大程度。由于电缆线径过小，如果没有中继系统的支持，无法把信号传递到足够远的地方。影响电缆质量的另一个因素是铜材的品质。要么是怀特豪斯的技术参数不明确，要么是制造商缺乏质量控制手段，反正产品的导电性不太理想。

　　有人向怀特豪斯指出系统的各项缺陷后，他独自进行了随意的试验，然后得意地绕开那些异议。"通过大幅提高线材规格的办法不会取得明显效果。"他说。根据常识，电本身毕竟非常微小，连同绝缘层在内1.27厘米粗的导线足够电流通过。怀特豪斯坚持执行既定方案，有信心胜过那些理论科学家。

　　人们用电池对轮船托运的电缆进行稳定性测试。这些电池是特别设计的丹尼尔电池，为了防止酸液溅出到甲板上，反应槽中填充了部分木屑。怀特豪斯为爱尔兰和纽芬兰基站设计的电池体积巨大，被称之为"怀特豪斯多层电池"或"永久维护电池"。构成电池的部件包括一个木槽，开口的隔舱里装有10对镀铂银片和10对芯片，其反应面积达到约1.29平方米。他最后使用了多组电池，相当于300多组丹尼尔电池。操作者利用一套复杂装置增强或减弱功率，办法是抽出酸液里的金属片。电池的功率由一个约1.52米高的感应线圈增强后，能跳到令人恐怖的强度。虽然当时还没有精确测量电流的手段，但是有人估计的输出电压高达2 000伏。怀特豪斯向公司高层吹嘘电源的运行成本在每天1先令左右。

有三次证据充分的失败阻碍了电缆的正常连接。第一次尝试就是一场噩梦，两段电缆在海里丢失。第四次的连接工作还算令人满意，欧美大陆间的电报线终于在1858年8月5日接通了。维多利亚女王和詹姆斯·布坎南总统（James Buchanan）互通了电文。整个世界好像都为海底电缆而疯狂。沙普兄弟发明光电报系统后，权威人士便乐观地预言了世界和平的实现，神奇的电报必将让那些最好战的人们"化干戈为玉帛"。伦敦《泰晤士报》的言论充满热情，"大西洋就像干涸了一样，成为一个国家的希望变成了现实。大西洋电报公司的创举堪比1776年的《独立宣言》，而且大洋两岸的人民再次统一成一体了"。

菲尔德把剩下的约32.19千米长的问题电缆卖给了制造商和零售商，获利不小。各个商家马上将电缆线加工成小饰品售出。几周内，电缆线变成了耳环、伞柄、鼻烟盒，还有木制底座上稀奇古怪的纪念品。甚至"蒂梵尼珠宝公司（Tiffany&Co.）"也不甘落后，把一小段电缆卖到50美分。蒂梵尼在报纸上骄傲地宣布："为了满足社会各界的要求，要让美国的所有家庭都能有机会见证这一伟大的科技奇迹，他们建议把电缆切割成约10.16厘米长的一段段样品，而且配有精美的黄铜包头"。

大西洋海底电缆的横截面

然而，欢庆的热潮还未退去，电报信号却开始衰弱了。自负的怀特豪斯当然有办法，依靠强大的电池和感应线圈，他向线路中通上更强的电流。如果信号变弱，就需要更大的能量使之跨越纽芬兰到爱尔兰约2 735.88千米的距离，这毕竟是基本的常识。随着信号越来越差，怀特豪斯便不断增强电流。投入运营不到一个月，信号最后完全消失了。怀特豪斯向线路中施加强大电流的结果是差一点烧毁电缆的绝缘层。

不出所料，几周前还在为技术奇迹喝彩的媒体立即改变口径，宣称整个工程就是烧钱的闹剧，更有甚者说大西洋公司在诈骗圈钱。

有一点确实令人恼火：工程的所有问题实际上都可以解决，答案就在威廉·汤姆森（William Thomson，即后来的开尔文勋爵）手上。汤姆森是当时杰出的物理学家，电学方面的公认权威，也是大西洋电报公司董事会成员。他的父亲在苏格兰和爱尔兰经营农场。他很早便显露出天赋，一生中建树颇丰。

怀特豪斯没有听从汤姆森的建议。汤姆森指出电缆传输电荷的效果是可以计算出来的，以傅里叶数学理论为基础的一条简单公式就能做到。那个公式立足于平方定律，聪明一点的初中学生也能算得出来。简而言之，通过计算可以大致得出导线的电流衰减率与传送距离的平方成正比关系。也就是说，约3.22千米长电缆线的功率衰减值将是约1.61千米长的4倍。所以电缆另一端得到的强度只有输入端的四分之一。

汤姆森给工程带来的不只是工程数学方面的贡献。德国物理学家、化学家约翰·克里斯蒂安·波根多夫（Johann Christian Poggendorff）研制出测量电流的新型检流计，比那时所使用的其他仪器更加敏感，依靠丝线悬挂起来的镜面工作，镜子背面黏一块小磁铁，前面反射提灯的光线。悬挂镜子的外围有线圈包围，一旦出现微弱的电荷，线圈会使镜子偏转，引起光线角度的改变。通过线圈的电流越强，镜子上的磁铁对电磁场的反应也越大，反射到屏幕上的光线移动也越明显。

这种检流计设计巧妙，能够检测到通过线圈的最微弱电流并做出反应。现在剧院的照明系统中仍然能见到大为更新的镜面检流计。转动的镜面控制着剧院和夜总会里的绚丽激光和高强度灯光。

汤姆森对镜面检流计做了改进，使之适用于电报接收机。实际上，在纽芬兰和爱尔兰两地的线缆对接过程中，他曾在船上用这种装置进行过检测，取得了良好的效果。怀特豪斯当然拒绝使用镜面检流计，尽管有传闻说他在绝望中不得已用过它，原因是纽芬兰站的信号减弱了，然后命令职员们保守秘密。

除了为人极其固执之外，怀特豪斯的问题还在于他对电的认识。他把从电池和感应线圈流出然后进入海底线缆的电流想象成管道里流淌的水。他认定的是电先从电池流出，再进入线路的铜线里。在汤姆森看来，电池的作用是为一段导线营造一个看不见的场。法拉第同样准确地建立了场理论。这种理论不是性格倔强、只有初步常识的怀特豪斯，甚至菲尔德等人所能轻易掌握的。对他们来说，不管电到底是什么，反正它从电池一端的导线钻进去，再从导线的另一头出来，然后进入电磁装置里。

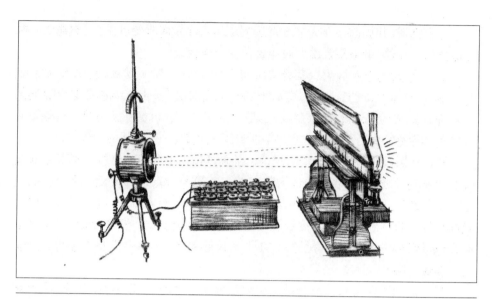

开尔文勋爵的镜面检流计

怀特豪斯准备的大型电池和感应线圈能在导线铜芯中产生高能电子场，最后造成过载。当铜导线的温度升高后，很可能熔化橡胶绝缘层，铜芯和外部的金属护套发生接触时，则会引起系统短路。

为广受蔑视的怀特豪斯说句公道话，其他人对电也有同样的认识。普鲁士的外科医生威廉·约瑟夫·辛斯特登（Wilhelm Josef Sinsteden）大力提倡使用新型的大功率发电机，这样才能给远程电报线提供足够的电能。他在1854年的论文中提出了一项高压电源的应用方案，而且他所做的一些初步试验好像也验证了自己的理论。

海底电报工程彻底瘫痪后，有关方面组织了一个8人调查委员会，其中4人属于大西洋电报公司，另外4人则来自部分出资的英国政府。委员会召集有关证人，并举行了听证会。汤姆森等科学家提供了明晰的证言，解释了相关理论并分析了工程失败的大致原因。最后的结果是怀特豪斯被清除出项目，他对电报的认识始终停留在常识层面。经历过挫折打击，任何明智的人都会进行反思。可是自私的怀特豪斯却不甘沉沦，继续通过出书、写信和访谈等形式为自己推卸责任。

其他地方的水下电缆工程证明了汤姆森的理论。怀特豪斯被踢出去后，大西洋电报工程焕发了生机。甚至在美国内战正酣之际，新的资金募集到位，第二期工程也进入规划阶段。大西洋海底铺设了一条新的电缆之后，怀特豪斯仅存的一点信誉遭到致命一击。内战结束的几个月后，工程也刚好完工。新设计的电缆（两部分的扭转方向相同）与一期工程所用的完全不同，铜芯的规格变大了，其材质和绝缘也得到优化。电缆的整体直径更长，重量比原来增加了大约2倍。经历了几次事故后，爱尔兰和纽芬兰之间的电缆终于在1866年接通。通过使用汤姆森的镜面检流计，电报系统的效果无可挑剔，12组丹尼尔电池构成很一般的电源，输出电压只有12伏左右。

后来，汤姆森忍不住演示了自己理论的实际应用。他在一段套管中注入酸液，浸入两种金属后便制成了一个小型化学电池，然后把电池与海底电缆连接。他向大西洋彼岸发出很弱的脉冲信号，他研制的镜面检流计在北美接收到了信号。

1870年出版的《海底两万里》（20000 Leagues under the Sea）是儒勒·凡尔纳（Rules Verne）的经典科幻作品。作者赞颂了电报技术，书中描述过尼摩船长的潜艇沿着海底电缆的一次奇异之旅。

> 我不能想象看见的海底电线仍是它原来的样子，这条长蛇由介壳的残体掩蔽起来，到处丛生着有孔虫，外面封上了一层石质的黏胶，保护它不受有钻穿力的软体动物的侵害。它安静地躺在海底，不受海水波动的影响，只是感到从美洲到欧洲要32%秒钟顺利传达电报的轻微电压。难怪这条海底电线可以经久耐用，因为人们发现树胶外套在海水的作用下，变得更加优良、更加坚固了。

第一条海底电缆的失败以及事后的调查明确了这样一个事实：当时没有精确的电测量仪器，至少没有一个工程技术人员易于掌握的手段。尽管事故成因得到了调查，公司董事会和工程亲历者们却要绞尽脑汁，不知道如何形容所发生的情况。比如怀特豪斯的电池和线圈向线缆中输入了多少电？很多？过多？还是太多？即使现在对那次失败还有多种迥然不同的说法。其中一种说法得到普遍认可，据说怀特豪斯的电源和感应线圈输出了2 000伏电压，也有人估计是500伏。工程师们无法认可那些语焉不详的解释，金融家和企业家同样拒绝接受，但是后续工程还需他们掏钱维持。

多年来，科学家们一直在苦苦找寻测量电的标准手段。用不同的术语描述相同概念已经令人非常迷惑了，随着电进入商用领域，这种情形更是无法容忍的。工程师需要精确的定性和定量方法描述和计算那种"微妙流体"。专门委员会成立了，科学家们受命研究这一问题的解决之道。多年争论之后，英法两国之间达成许多幕后协议，电学的一些标准单位才得以出炉，包括瓦特、安培和伏特等。

以意大利电池发明人亚历山德罗·伏打的姓氏命名的电压术语"伏特"，主要是法国人极力推出的，因为他支持过拿破仑。功率单位"瓦特"来自改进工业用蒸汽机的詹姆斯·瓦特（James Watt），但他和电没有一点关系。然而瓦特发明了单位"马力"衡量蒸汽机的强大功率，主要为了迎合那些潜在客户，他们习惯于以马匹拉动机器设备。电流量单位"安"或"安培"取自法国数学家安德烈-玛丽·安培（André-Marie Ampère），他后来成为物理学家，致力于电磁场的研究。

虽然跨大西洋的电报系统遇到过失败，但是美国内战的南北双方对电报技术的价值却有一定的认识。双方军队架设了约2.41万千米长的电报线，且都部署过用骡马牵引的车载移动电报站。电报在战争中的作用是直接的，但也不总是美好的。经过改进的通信手段提高了铁路运输和其他行业的生产效率，而高效的通信给战场带来了毁灭性的后果。指挥官们能够快速准确地获得情报或调整军事行动。由于战地谍报人员提供了新情报，作战计划会得到及时调整。

格兰特将军（Ulysses S. Grant）就是运用电报技术的高手，他能极其精准地指挥部队。而南方的斯图尔特将军（J. E. B. Stuart）手下的汤姆森·夸尔斯（J. Thompson Quarles）是电报监听员，他与将军同乘一辆马车。电报很快取代了马背上的通信兵，但双方都在监听对方的电报线路。只要做的得当，电报窃听几乎是一种无风险的间谍活动。

亚伯拉罕·林肯总统对新技术抱以特殊热情，把很多时间花在陆军部的电报室里，同战场上的将军们保持实时联络。据统计，林肯在总统任期内一共发出过近1 000份电报，多数都用对话语气，与其书信中常用的相同。有一次，林肯在电报中严令格罗特："尽可能像斗牛犬一样紧紧咬住敌人，咬死他们"。

电报网络的发展速度之快超乎人们的想象。莫尔斯在1844年公开演示之后不到30年的时间，陆上电报线路总里程已达约104.61万千米，水下线路也有4.83万千米，它们把2万多城镇和乡村连接起来。截止到1880年，各大洲间的海底通信电缆总长度大约有16.09万千米长。世界真是变小了。

由于电报技术的成熟，电开始走进人们的日常生活。普通人不太容易理解的技术正慢慢融入他们所熟悉的世界。随着电报线路不断延伸，偏远村镇的生活日益受到影响，关于电报如何运转的一些稀奇古怪的理论也会出现。

和现在一样，那时的记者们对民间的趣闻和笑话津津乐道，因为知识有限，人们当然会不信任或者误解电报这种体现科技进步和现代性的新技术。据当时的媒体报道,一些乡村百姓认为电报线是中空的,通过气流把写有信息的纸卷吹到远方,或者运用了传声筒的原理,能把声音传到远端。有一个广为流传的故事:一位母亲来到电报局,要求用电报把食物送给普法战场上的儿子。

今天的科学技术日趋复杂,我们有理由相信,那些能了解数码相机或移动电话原理的普通人,其比例与过去了解电报原理的人数比例应该差不多。不同于19世纪的民众,现如今的人们其实不必理解那些复杂技术背后的原理。使用者主要根据直觉判定高科技产品是否好用,能满足自己的需要就足够了。

七

并非一无是处

电只是艺术和制造业的新媒介，未来的几代人无疑会饶有兴味地审视这个世纪的现象，那就是用电满足人类的各种需求。
——阿尔弗雷德·斯米（Alfred Smee），
《电气冶金学的元素》

过了不长时间，聪明的发明家开始把电报的基本原理运用到消费产品。电门铃开始在有钱人当中成为时尚，防盗报警铃和报警电话箱也开始出现。1852年，波士顿安装了最早的火警电话箱，替代了教堂敲钟的报警方式。豪华酒店用简单的电报系统取代了机械式拉绳铃铛和传声筒，只用按动按钮，另一端的电铃就会响起。这些"呼叫器"经常安装在大厅的显要位置，控制面板就在主服务台的附近。那是一种特殊标志，彰显出现代感和高效率。

维多利亚时代的一位发明家出于病态心理，利用当时人们害怕被活埋的担心为自己谋利。当时市场上已经出现了可以从棺材内部激活的装置，比如拉线式铃铛、呼吸管以及其他原始的墓地通信手段。但是这位诡计多端的发明者设计出更先进的装置，堪称第一个棺材专用电铃。"死后"被埋葬的人复活后可以方便地按动手边的按钮，使地面上的电铃响起。另外一种求救装置是利用棺椁里的触发式报警铃。1891年，堪萨斯州首府托皮卡的一位发明人申请了专利，他把电气装置连在死者手上，便于复活时发出信号。

19世纪使用的电报代码是点和线组成的二进制码，与20世纪晚期出现的计算机语言由"1"和"0"组成的二进制码有异曲同工之妙。在新闻业快速发展过程中，很多期刊用"电报"一词来表示新闻报道的时效和广度。纽约、伦敦或巴黎等大城市要收到外国的消息，以前需要几周甚至几个月，现在用几天甚至几个小时就可以传到了。数学家高斯的朋友、德国记者保罗·尤里乌斯·罗伊特（Paul Julius Reuter）很早前曾用自己的信鸽业务做交易，在得到一套电报系统后，便用来发送伦敦证券交易所的情报。后来罗伊特成立了全球闻名的"路透新闻社"（用其姓氏的英语发音命名）。

新兴的电报业被称为"思想高速路"，吸引着志向远大、天资聪颖的年轻人。托马斯·爱迪生（Thomas Edison）早年曾做过报务员。电影制作人阿尔弗雷德·希区柯克（Alfred Hitchcock）曾就职于"亨利电报公司"，主要供应电报设备。

> 男孩子们总被问到长大后想干什么，我敢说我从不想当警察。我说过愿意当工程师，然后父母把我送到一所专业学校，"工程航运学校"。我在那里学习机械学、电学、声学和航海技术……

希区柯克从十几岁开始在电报公司工作，最初是负责检修电缆的"技术评估员"，后来调到广告部担任插图画家。阿尔弗雷德·韦尔的嫡亲堂弟西奥多·韦尔（Theodore Vail）创业之初也是报务员，后来组建垄断企业——美国电报电话公司（AT&T），正得益于那段经历。

电报业作为稳定的事业，能给聪明的年轻人带来光明的前途。工业革命时代的加工厂和矿井里充斥的是烟尘和危险，而电报业则完全不同，报务员成为新兴中产阶级的先锋。钢铁大王安德鲁·卡内基（Andrew Carnegie）晚年时曾动情地回忆起自己早年当电报投递员的经历。他在自传中写道："我不知道一个男孩在什么情况下更能得到他人的关注，为了出人头地，真正有头脑的孩子一定要明白这一点"。

新技术很快影响到大都市的生活。伦敦的电报线路以指数级增长，最后造成总部的交通极其繁忙，以至于操作员们来不及发送股票交易信息。无论距离远近，电报都能及时传递信息，先前的新奇技术很快演变成一种便利条件，并最终成为金融资本世界必需的竞争砝码。

乔赛亚·拉蒂莫·克拉克（Josiah Latimer Clark）部分解决了伦敦地区的线路超载和业务积压的问题。19世纪的英国好像善于制造博学多才之士，其数量之多似乎是产自流水线。克拉克便是自然科学和工程学领域的一位。他是化学专业出身，后转行到铁路方向的土木工程，然后研究电学，他研制出一种调校仪器的标准电池，其电压只有1伏多一点。克拉克也积极投身天文学研究。无论哪一个领域，不管时间长短，他都会为之发明新东西，而且他还是第一条大西洋电缆工程调查委员会的成员。

为了解决短程线路的过载问题，克拉克设计了气动导管系统。正如电报技术经过简化并应用于控制电铃一样，他把1810年出现的气动导轨设想进行了改进。气动导轨类似于现在的自动扶梯，最初目的是快速输送人员，但是并不成功。1853年，克拉克安装了第一条3.81厘米的管道，从中央电报局到证券所的跨度为约182.88米。

报务员收到的电文抄录好后，分流到连接证券所的管道中的毛毡口袋里。一台6马力的蒸汽机带动这个系统运行。气动管道的效率很高，所以很快就应用到不断扩张的办公楼和新兴的百货公司内。直到20世纪，这些地方一直在使用气动导管作为高效的短途输送手段。在某一种技术缺憾中总能萌生出另一种能解决实际问题的简便技术。

信息的快速传播对于金融业来说极其重要，人们很早就了解了这一点。速度不仅是一种竞争优势，而且也能带来新机遇。来自美国偏僻角落的消息开始源源不断地流到纽约，而且随着大西洋电缆的开通，伦敦和纽约两地的证券交易所都可以进行交易，所以涌现了回报丰厚的套利业务。毫无疑问，不择手段的投机者很快发现了迅捷的电报的潜力：通过散布谣言，他们可以借机在商品和证券方面快速卖出获利。事实上，我们经常愿意相信过去的人要比现在的人更有教养，金融市场上的欺诈行径到20世纪才出现。

远程通信虽然取得了进步，但是每家大型证券交易所仍然要雇用一群通信员，负责把来自交易大厅的价格变动信息递送给经纪公司。这些跑腿的"送单员"集中在大厅，写好一支或几支股票的报价单，然后送给经纪人。无论如何，这种方式的效率都是极低的，每家经纪公司必须雇用十多名送单员，他们的本事就是身手敏捷、准确无误。在喧闹的华尔街，时间的确是金钱，跑得快的送单员能提高利润。一句老话放在19世纪60年代是非常恰当的，"华尔街的起点是墓地，终点是一条河"。那里是经纪人、金融家、投机商和投资者赤手相搏的角斗场，一夜之间有人暴富，也有人倾家荡产。

为了筹集战争经费，林肯总统暂停了金本位制度，同时发行4.5亿美元纸币，不久被称为"绿背"美钞。然而，国际贸易和关税结算仍然在使用黄金，而且南北战争的结局难料，所以林肯的钞票难以取信于人。没有黄金的支撑，新货币的币值剧烈波动，南方的每场胜利会使纸币贬值，而北方打胜仗纸币则升值。只要了解战争的一些内幕消息，不管哪一方赢得战争，任何人都可以通过黄金投机发财。

银行家杰伊·库克出于爱国热情,曾经愤然指责那些黄金投机者为"李将军的左膀右臂"。大家认为黄金投机就是不爱国的表现,最后纽约证交所彻底禁止了黄金交易。被驱逐的黄金炒家们是无所谓的态度,收拾好家什便溜到威廉大街,开办了"黄金交易所",继续堂而皇之地做生意。

1864年,每100美元黄金的价格上涨到300美元高位后,交易所暂停了一段时间,不久又开始营业。内战结束后,金价虽有所回落,但是投机客和投资者们依然如赶集一般活跃在交易所内,派出成群的送单员抄录最新的金价,然后飞速回报给客户。

塞缪尔·斯帕尔·劳斯(Samuel Spahr Laws)直接从巴黎来到纽约黄金交易所。劳斯在西弗吉尼亚出生并长大,毕业于普林斯顿神学院,师从约瑟夫·亨利,曾经主持过密苏里的长老会。1861年,因为拒绝宣誓效忠联邦政府,他入狱一年,期间研读了哲学。获释后前往欧洲,1863年返回美国并定居在纽约。尽管劳斯的履历不同寻常,但还是打动了老板们,因此迅速崛起,不到一年便担任交易所的副主席。

劳斯是业余电气专家,擅长实验操作。他一定是在普林斯顿期间受到了亨利的启发,为了缓解交易大厅里送单员的拥挤混乱问题,他发明了一种特殊装置,名为"金价显示器",通过双面的转筒机构显示当前的黄金价格。像双面的钟面一样,一面给大厅里的交易商提供最新报价,另一面朝向通道里的送单员。以电池为动力的显示器在1867年取得专利,实际上是一种短程电报网,其线路覆盖范围不超过交易大厅。

不久,劳斯的灵感给人们带来了财富。为什么只能用一个显示器呢?梅特卡夫定律又一次起了作用,假如一套显示器的效果不错,那么有几百套会更好,并且潜在效益可观。劳斯辞去了交易所的职位,创建了"金价显示器公司",通过定制服务的形式供应设备,用电报线把中心交易所和有需求的公司连接起来。这项发明及其信息打印功能算是牛刀小试。

1870年,劳斯把公司卖掉时已经身价不菲了。他是一个有野心的人,从哥伦比亚大学取得法学学位后成为纽约律师协会的会员。到了1875年,他又在贝尔维尤医院(Bellevue)得到了医学学位。不安于现状的劳斯后来离开纽约,担任密苏里州立大学(现在是密苏里大学)的校长。

劳斯的最大贡献或许是对一位年轻人的帮助。四处漂泊的年轻报务员托马斯·爱迪生正在走霉运,多次创业失败后几乎破产,1869年来到纽约。虽然是熟练的报务员,但是很难找到工作,一位朋友只好让爱迪生借住在金价显示器公司的电源间里。

　　处于人生低谷的爱迪生得到了幸运女神的眷顾。有一次显示系统发生故障，送单员很快蜂拥至公司打听究竟。因为金价波动很快，交易商们现在已经离不开显示器了，1～2小时的延误可能意味着大笔的损失。"不到2分钟，300多个小伙子挤进了办公室，可是那里连100人都装不下，"爱迪生后来回忆道："大家吵嚷不休，说某家公司的线路出问题了，必须赶快修好。现场简直混乱不堪"。

　　爱迪生很快找到了问题的根源，一条电线松动后掉进齿轮中间，卡住了关键部件。"快修！快修！一定要快！"劳斯下令道。爱迪生修好了系统，作为奖励，得到一份月薪300元的工作，这不仅为这位年轻发明家解决了生计问题，而且得到了日后接触那些最有钱的纽约投资人的机会。

　　虽然技术上不算复杂，但是劳斯的发明还是革命性的，其原因有几个方面。中心站及其雇员负责全部的技术工作，实际上是早期数据处理中心的雏形。这种复杂的电信设备不需要在用户终端安排专职操作员。经纪人把长方形的显示器安放在自己的办公室里，黄金价格便咔嗒地报送出来，把握交易机会变得轻松了，而且不用专业技师来维护设备或解码信息。金价显示器就相当于后来台式电脑采用的图形界面技术，不必进行代码打印的专业操作。劳斯的发明也实现了远程信息流的准实际稳定传输。

早期的股票报价机

　　1867年，爱德华·卡拉汉（Edward A. Calahan）萌生过同样的设想并付诸实践。他的职业是报务员，年轻时在华尔街做过送单员，期间产生了研制股票显示器的想法。该机器主要运用了电报系统，玻璃罩下面有一套钟表式的齿轮机构，带动两个同步打印轮：一个打印股票价格，另一个打印上市公司名称。

　　其他人也设计出类似的系统，但是卡拉汉首先把功能完备的产品大规模推向了市场。1867年圣诞节前夕，卡拉汉在大卫·格罗斯·贝克公司的经纪行安装了第一台自动股票报价器。卡拉汉的代理人从交易所发出信息后，第一组报价便传输过来，一大早围在机器前的经纪人们不禁发出惊呼。因为打印部件工作时发出咔嗒咔嗒的声音,报价机便得名"咔嗒机"。

卡拉汉很快同几百个客户签订了合同,每周收取6美元的服务费。他的第一款报价器依然不够完美,打印转轮经常发生错位,造成纸带下面的股价字迹与上面的公司名称重叠,无法辨认。电池也发生意想不到的问题,每台报价器都使用自带的锌铜电池,通常放置在机器下面的地板上,靠一对不绝缘的电线与上面的小电机相连。以前抄送字条的送单员们现在被迫要负责保养那些电池,每周在交易所开业前补充两次硫酸。洒出来的液体很快惹出麻烦,不仅烧坏了很多知名证券经纪行的精美地毯,也毁了不少经纪人的贵重衣物。卡拉汉马上把电源转移到中心供电站,从而解决了这一问题。

并不是所有人都喜欢"咔嗒机"。一些顽固的"老前辈"为了以防万一,坚持雇用送单员。外号叫"美洲鹿"的比尔·希斯(Bill Heath)就是这样一位倔强的经纪人,他继续在交易大厅和经纪行间跑前跑后地来回巡视,他喊出的最新报价必须高过报价器的咔嗒声才能被人听到。

越来越多的设备需要电能,所以电池技术开始成为一项产业,而不只是实验工具。那些老式电池,诸如格罗夫式的、渥拉斯顿式的,甚至是克鲁克香克式电池,不适合生产生活的实际应用,更适合在实验室或电报局等地使用。它们的造价比较高,还需要经常保养。电报局所使用的电池都是大型的,离不开专门人员的定期养护。这些电池养护人相当于火车上管理蒸汽机锅炉的司炉工。这项辛苦的工作都依照严格的程序进行。

当时出现了很多电池日常养护的指导手册,内容十分详细。19世纪80年代,弗兰克·F.蒲伯(Frank L. Pope)出版的《现代电报技术实务》是非常流行的一本书。作者详尽列出了电池养护的具体说明。比如要"更新"常用的丹尼尔式电池,他给出如下要求:

> 保养这种电池时,应该先拆下电极上的锌,用硬毛刷清洗干净,透孔杯也要彻底刷洗,倒出里面的旧溶液。但是三分之一左右的清澈陈液可以重新使用,其余的应丢弃,否则会影响电池的工作状态,需要几个小时才能恢复电量。锌片上沉淀的铜有利用价值,应该收集保存起来。
>
> 每隔2~3个月,应该取出铜极,清除表面的沉积物。这项工作可以进行2~3次。如果沉积物过多,挤占了透孔杯的空间,必须替换新的铜片。
>
> 只要透孔杯上沉积了过多的铜,也应该清洗;如果发生破裂,应立即更换,否则会浪费大量原料。

电池溶液罐边缘形成的结晶物需要经常用湿布擦去，不然会在外壁上聚集，造成相邻的反应槽发生接触，那只会增加材料消耗，而没有任何好处。

电池在19世纪终于成为工业领域的专业工具，给人的感受与19世纪60年代的计算机专家们面对原始计算机时的感受没什么两样。那时的计算机系统还是笨重的大家伙，能占满一间屋子，只能处理穿孔卡，在磁带上存储数据。

八

电源与照明

"电灯姑娘照明公司"将要用相当于50～100根蜡烛那么亮的灯光装扮一位美女，她会从黄昏一直工作到午夜——或者你想多晚就有多晚……

——《纽约时报》

在19世纪，全世界都需要一种更好用的电池，但是不缺少愿意一试身手的发明家，现在的情况也差不多。爱迪生很早便开始在业余时间用电池做实验。他想发明一种不受极化作用或扩散现象影响的电池。扩散反应是当时多数抗极化技术经常伴生的现象。尽管他的设想大多没有下文，但是大量的时间和精力还是投入到了相关研究中。早年做报务员时，爱迪生曾得到一个不全面的解决办法，然后马上给拉蒂莫·克拉克去信介绍自己的实验结果。有一个传闻反复被人提及：在肯塔基的路易斯维尔，爱迪生失去了当地电报局的差事，原因是当时实验用的电池里的硫酸洒出来后透过地板，又流到了楼下的经理室。

一些名称古怪的电池经常出现在流行的电学图书及电报和实验设备公司的产品名录中，包括"斯米电池"，其英国发明者、化学家阿尔弗雷德·斯米使金属片的反应面变得粗糙，以减轻极化作用。英格兰的电报局大多使用沃克尔发明的镀铂碳电池、"泰尔电池""艾伯纳男爵电池"，还有传教士尼古拉斯·卡伦发明的梅努斯电池。

令我们不解的是每种电池都有具体的名字，而不是更为人熟悉的品牌名。在我们现在所处的时代，非专业的普通民众并不会通过电压之类的技术参数去了解电池，而是通过更简便的标志判断规格，例如"AA"型或"AAA"型电池（即我们常说的5号或7号电池）。由于越来越多的装备需要充电更方便的电池，而不是一次性更换的电源，所以电池正逐渐远离人们的视线。

与今天的电池不同，19世纪的电池都被看作重要部件，不论它们为什么样的装置供电。麦克斯韦在写作《电报传递的爱情诗》时，不仅幽默地把神魂颠倒的报务员的心思比喻成不同类型的电池，而且提到了它们显著的特性。电池就像电报网络中的线路或发报电键一样是非常关键的部分。

1866年，法国工程师乔治·勒克朗谢（Georges Leclanché）为又一次的技术进步做出了贡献。他设计的电池是在玻璃罐中填装氯化铵（俗称卤砂），用二氧化锰做阳极，阴极是锌，外加一根碳棒。这种电池在各个方面都很完美，非常适合门铃等电器使用，制造成本低，便于大批量生产，其化学材料的更换也很方便廉价。当时的产量达几百万个，有几十万个用在电报设备当中。早期的电话系统也用过这种电池，以后才由电话总机给系统供电。勒克朗谢电池一般被称为"湿电池"，能输出1.5伏电压，人们普遍将其视为锌碳电池或干电池的前身。干电池才是世界上第一种广泛应用的电池。

湿电池没有使用稀硫酸溶液，这是电池技术的第一次。每当电池放电完毕，使用者只需更换氯化铵电解质就可以了。氯化铵具有腐蚀性，曾作为4种"灵药"之一用于炼金术，也是居家常用的化学品，用于烘焙食物和清洁，也用于提炼甘草精。氯化铵容易制取，相对比较安全，而且比伏打电池所用的盐溶液更活跃，但腐蚀性却不及硫酸，又足以和金属反应，分解出自由电子，从而释放电荷。另一种很有名的电池叫作重力电池或"牛脚电池"，其电极被悬挂在电解液里。

勒克朗谢电池

勒克朗谢电池存在一个很大的缺点，不能连续放电。使用时电量很快下降，停用一会儿后又能大致恢复到原来的水平。这就意味着它根本不能用在电灯或报价器之类的电器上，因为它们需要稳定连续的电流供应。由于当时市面上的电器产品不多，这一缺陷并不特别突出。然而，随着电动装置越来越多，人们还是需要更可靠的电源。

在电池发展的漫长历史中，出现了很多发明者，但是无人比法国工程师加斯东·普朗特（Gaston Planté）更执着。他首先发明了实用的可充电电池，又叫蓄电池。1889年普朗特去世时年仅55岁，他用了30年时间研制铅酸电池，后来被称为普朗特电池。其实普朗特并不是第一个研究蓄电池的人，其他人也在试验并小有成就，但是没有发展到工业应用阶段，也没有投入商业化生产。例如，卡尔·威廉·西门子（Karl Wilhelm Siemens）已经在格罗夫电池的基础上研究充电电池，但是成效不大并最终放弃。他是维尔纳·冯·西门子（Werner von Siemens）的兄弟，当今电子产业巨头德国西门子公司（Siemens AG）的共同创办人。可是普朗特没有放弃，在蓄电池的研究工作上坚持了30年。

一提到充电电池，人们通常会觉得他们是在把电（不管它是什么东西）重新注入电池里面，就像从水罐里取水把杯子装满一样。事实上，所谓充电，我们只是把电池恢复到初始状态。这正是原电池或标准电池与充电电池或二次电池的差别。因为化学构造和金属元素排列方式发生变化，所以原电池里的反应是不可倒转的；而充电电池能通过掉转电流方向的方式恢复原来的化学状态。

简单地解释一下，电池放电时，从金属上释放出来的电子通过阴极流到外部电路并带动某一电器，然后又返回到电池的阳极。正常使用时，电池的阴极发生氧化反应，期间释放出电子，同时阳极会还原出氧。蓄电池充电的时候，阳极发生氧化，而阴极发生还原，释放出带正电荷的离子。这些离子正是放电过程积聚的。

到19世纪中期，科学家们确信耗尽电能的不是电池本身，问题出在内部的反应金属。为了延长电池的使用寿命，一定要想办法减慢化学反应或者逆转反应过程。他们最初试验了一些物质，比如过氧化铅，试图减缓极化过程，但是这种方法通常会导致其他问题。

普朗特同样试验过各类金属，包括锡和银、金和铂的搭配。最后选择了铅。金属铅很容易获得，成本也低，同时具备多数所需的特性。普朗特很快发现铅也有一些预料不到的问题。一方面，铅的表面不是多孔结构，不利于酸的渗入，不能产生足够多的电子。他需要表面积大的金属，微观上近似于海绵的特点。金属铅的表面像丝绸一样光滑。解决的办法很简单，多费些时间就行——让自然之力解决问题。铅酸电池的使用过程中，金属表面会沉积一层过氧化物，而且是多孔的！普朗特所要做的就是利用格罗夫电池极板上的极化作用，使其自行放电再充电，然后再次放电，几个月间重复这一过程就能提早达到电池的成熟阶段。他把这一过程称作"构造过程"，但是大家都认为这个过程过于繁琐冗长。

普朗特的动力主要来自高压蓄电池的商业潜力，因为这种电池能够持续提供稳定的电流。在辛苦研究的几十年间，他与企业界和商业界保持着密切联系，包括布雷盖的公司。布雷盖当时在销售各种电池以及电报业的系列设备。从各个角度来衡量普朗特的身份，他更接近现代的（研发型）工程师，而不是学者型的科学家。

道理很明显。大规模生产的蓄电池将会成为热门商品，其用途不局限于电报业。比如在医学领域，人们很早就知道一些金属，例如铂，在通过足够强的电流时会发光。用加热金属丝发出的光可以给体腔内照明，或者把灼热的金属丝直接用作手术工具。

19世纪70年代初，普朗特申请了"火线盒"专利。使用者按下一侧的按钮，一段铂丝通电后变得炽热，足以点燃香烟或雪茄，盒子里的电池同时也是门铃的电源。这个装置好像很简单，但是普朗特却表现出超前意识，他把不相干的功能组合在一起，制造出了当时貌似技术含量极复杂的东西。同一原理（单一电源和多重功能被打包在一起）也应用在现在的移动电话上，其功能包括了GPS、音乐欣赏和互联网接入等。

蓄电池还有可能为灯塔供电。大功率电池能点亮更强大的石灰光灯或碳弧光灯，从而替代传统的油灯。有一种设想是用格罗夫电池给原电池充电，使之供应稳定的高电压。实际上，这些电池起到的是感应线圈的作用，它们调节和改变了电流输出，充当了负荷调平器。可是格罗夫电池终究不够经济实惠，19世纪70年代出现的格拉姆发电机最终取得成功。它是比利时人泽诺布·格拉姆（Zénobe Gramme）发明的一种早期商用发电机。

普朗特还有一些不成熟的计划，就是把灯塔系统简化成家庭用的室内照明手段。在19世纪70年代，电气照明技术仍然不太现实，但是人们已经认识到其可能性。早在19世纪40年代，欧洲的科学家就曾尝试过这一设想。1848年，爱迪生刚刚1岁，而化学家约瑟夫·斯旺（Joseph Swan）已经在英格兰试验白炽灯。他的实验时断时续进行了30多年，包括在真空条件下使用碳化纸的办法。设备条件是他面临的主要障碍。当时找不到有效的真空泵，而且他使用的是低电阻的粗碳棒，那需要大量的电流才能将其加热。爱迪生后来使用的却是高电阻的竹碳丝。

19世纪70年代早期，斯旺已经展示出能工作的电灯，只是不够完善。1879年，他设法用弧光灯照亮了纽卡斯尔泰恩河畔的街道。当年7月的《美国科学人》杂志详细介绍了斯旺的努力，几个月后爱迪生开始进行碳丝实验。借用并改进其他发明者的创意是爱迪生的一贯做法，他是否读过那篇文章至今没有定论。

无论如何,爱迪生最后定型的灯泡借鉴了斯旺的设计元素,并在欧洲引发了专利权之争,其结局是二人在英格兰结成伙伴关系,成立了"爱迪生和斯旺联合电灯有限公司",后来简化成"爱迪斯旺公司"。

欧洲等地的其他发明家和科学家同样在刻苦钻研。一些人在电灯中使用过铂丝,包括英国人沃伦·德拉鲁(Warren De La Rue)和弗雷德里克·德莫林斯(Frederick de Moleyns)。其实电灯的专业应用可以追溯到更早的时候,比如在戏剧舞台上。1849年,巴黎歌剧院曾经在一些演出中使用电池动力的弧光灯制造特效。这种做法成本高昂,但是特效的使用大受欢迎,剧场里座无虚席,所以巴黎歌剧院在1855年雇用了迪博斯克(L. J. Duboscq)做电气专家,他把尽可能多的电灯运用到舞台表演当中,包括一种能在屏幕上投影的"魔幻灯笼"。

1872年,俄国人亚历山大·洛杜金(Aleksandr Lodygin)在圣彼得堡的海军部造船厂周围安装了200多盏电灯,但是他使用的电流显然过大,不到几个小时便烧毁了碳灯丝。洛杜金对电的潜力极其乐观,曾提出过电动直升机的构想,后来不了了之。他先于爱迪生使用钨丝改进电灯泡,后来在其他电器上获得专利,包括电动马达、电焊工具和电炉。

另一位俄国工程师帕维尔·尼古拉耶维奇·雅布洛奇科夫(Pavel Nilolayevich Yablochkov,又称保罗),也成功地研究出电灯。他在电报业工作,他的"电蜡烛"实际上是华美底座上的小型碳弧灯,在1878年巴黎世界博览会上展出时引起了轰动。又有两位加拿大人在19世纪70年代提出了实用电灯的设计。

1878年,爱迪生开始专心实验之际,电学领域已经积累了大量知识。爱迪生在两方面的疑难问题已经得到解决:雅布洛奇科夫在一个电路上同时点亮了多个"电烛";一台名叫"telemachon"的大功率发电机也能通过单一电路并同时点亮8个灯泡,这是他在另一家实验室里见到的。19世纪的工程师面对的可是大问题——如何用一个电路点亮多个灯泡?如果某一个发生故障,而其余的还能继续工作。

《纽约太阳报》采访爱迪生,他描述了在那家实验室的激动心情:"……我第一次看到实际运行着的所有装置。它们就摆在我的面前。我见到了自己有机会做成的事情,意识到以前做过的那些无用功。耀眼的光线没有被分散,所以完全有可能照进个人家里"。

在其最多产的岁月里,爱迪生研发产品的风格更倾向于先前发明的增值改进,而不是提出全新的创意。他会定期安排员工去分析研究现有的专利项目和学术期刊,然后就其发现的结果写出总结报告。一旦爱迪生认准了方向,就把任务分配给手下,他们是工匠和技师组成的不同团队。爱迪生甚至要认真对待研发过程的实验元素,详细记载每个项目和实验的各项花费。

　　爱迪生读过法拉第的《电学实验研究》,称法拉第为"实验科学大师",并最终认同他的观点:即使实验失败了,也能得出有价值的数据。自相矛盾的是,法拉第在科学事业上的羁绊——缺乏数学知识基础,反倒成为激励和推动爱迪生在工程学道路上前进的动力。

　　爱迪生所做的工作不是亨利或法拉第那样的研究前沿,而是更接近现代的产品开发。关于大发明家爱迪生的故事虽然流传甚广,说他不辞劳苦地反复实验,执着地追求着目标,但是很少有笔墨会提到其闪光形象的另一面,他人格魅力不够鲜明,在很多方面表现出的是务实和追求功利。爱迪生从不想再发明轮子,他只想造出更好的轮子,然后再想办法卖给很多人。

　　爱迪生在流行媒体上把自己的形象设计成谦卑的匠人、辛勤的工人,他的天才没有改变自己普通人的作风。他说话时平易近人,从不做作,也不故弄玄虚,绝对看不到"大家风范"。他绝非不问世事、超脱凡尘的学究,却有常人的坦荡和率真。"门罗公园(Menlo Park)的奇才"[①]把晦涩的科学荣耀、理论研究和学术期刊上的论文发表之类的事通通留给真正的科学家。他就是一个追求简单的人,只想做出普通人能用得上、喜欢的产品。

　　爱迪生身上的不屈不挠精神和敏锐的商业头脑是公众看不到的。爱迪生长大成人后,进入合作初期的电报和铁路行业。对于一个理想满满的年轻人来说,正好利用最佳的时机学习技术与商业的基本原理。西部联合电报公司尤其重视促进包括报务员在内的所有雇员研究和学习科学知识。这当然不是企业无私的表现。因为专业技术人才非常稀缺,公司为了提升竞争实力,必须设法培养自己的工程技术骨干。其内部杂志《电报人》喜欢刊登技术创新方面的稿件,投稿的员工都是有志向的人,喜欢在业余时间钻研技术。爱迪生的志向之高达到了痴迷的地步,而且一生都是如此。他在19世纪70年代初期的一则日记中提到了第一任妻子,"玛丽·爱迪生夫人我的妻子深深挚爱之人,不可能发明出什么有用的东西!"

　　爱迪生像莫尔斯那样精心维持自己的形象,但是在处理公关问题时,他要比电报发明者高明。年轻时做过报务员的爱迪生曾四处漂泊,非常熟悉那些新闻记者。他的业务能力很强,所以总能脱颖而出,承担拍发新闻稿件的重任。另外,爱迪生曾出版发行过几份小报,结合早年与记者打交道的经历,所以对公共关系的重要性有很深刻的认识。他给记者们留下的印象总是值得信赖的,妙语

---

① 爱迪生的绰号。门罗公园是新泽西州一地名,爱迪生的研究中心所在地,有的译成"门洛帕克"。

连珠,很少用科技术语难为他们。

和莫尔斯差不多,爱迪生营造的媒体形象中真实成分还是很多的。他的事迹非常符合19世纪的社会理想,出身寒门的穷小子凭着能吃苦和坚持不懈的精神,最后获得成功,名利双收。可是在涉及商业利益时表现出的冷酷无情却很少被人提及。有一次,爱迪生从西部联合公司筹集一大笔钱去改进贝尔的电话系统,其本意是要破坏那位年轻发明人的专利。如果不是贝尔的岳父强硬并成功捍卫了专利权,爱迪生的做法差一点就成功了。人们一度称爱迪生为"表里不一的教授"。西部联合的总裁威廉·奥尔顿(William Orton)对朋友爱迪生的评价大概是最不客气的,据报道他曾这样说:"那小子一点良心也没有"。

爱迪生继续研制可靠的电灯,并在1879年申请了灯泡专利。他认定电灯照明的动力应来自中心电站,所以提议建设统一的配套供电设施,基本上和燃气设施差不多。这一庞大的计划需要建立发电站、输电线路、计量系统,还要工作人员维持整个系统的运转。

爱迪生当然要从技术角度找到充分理由来支撑自己的计划。19世纪70年代,大功率发电机正得到应用,其中最突出的有泽诺布·格拉姆(zenobe Gramme)发电机,适用于工业领域的电镀等方面。格拉姆起初是一名木工,后来开始研究电学。他用了多年时间完善发电机设计,后来证明是第一个实用的电动机。1873年在巴黎做展示时,一名技工无意中把一台发电机连到另一个电源上,结果使发电机转动起来。比利时工程师不久便意识到,他在改进发电机的过程中,实际上发明了一种电动机,而且比法拉第的教学玩具更有效——它能做功。

对于电力发展的未来方向,研究电学的其他人并不像爱迪生那样信心十足。一方面,所有消费者都需要电力吗? 有人想象过每个家庭会使用烧煤的迷你型发电站。多数人觉得蓄电池更适合做将来的家庭电源,至少能满足局部要求。英国和法国都出现了电力公司,通过发行股票募资维持生产和销售。

根据这一派的意见,非常奢侈的电能注定只会照亮少数人家,电源是家中配备的高功率蓄电池。有一种办法是把电灯所需的电池送到用户家里。这一未得实施的计划被通俗地叫作"牛奶瓶"计划,电池可以像牛奶那样送货上门。房主(或仆人)将把用过的电池放到家门口,而充好电的新电池也将定期送到用户家门口。

类似的方案是在家里准备两套蓄电池。有一套为用户提供稳定电流,另一套与中心站相连后进行充电。此系统运行所需的机电式转换器取得了多项专利。还有一种方案非常短命,要求用户在地下室里存放一些大铁箱,里面盛放碱溶液和适宜的金属电极。实际上就是大号的化学电池。当它们放完电后,锌电极(正极)由于氧化完全溶解在箱子里。主人要把溶液倒入另一个空铁箱里,并向里边充入二氧化碳,这样就能得到白色的金属锌,卖出后一定能挣上一笔。这种想法并不新鲜,电报局为了冲抵成本一直在如此处理废弃电池,对普通消费者来说仍然不切实际。

鉴于时代局限,上述方案都不算太离谱。即使有的话,多数私人家庭能依靠的公共设施还是十分有限。大多数美国家庭都有自用的水井或蓄水池、燃煤供暖系统和室外厕所。城市地区虽然有煤气公司把管道通到家庭用于照明,但是美国的基础设施没有英国那么发达。

爱迪生当然不是电池照明的追随者,他计划要建成自己的大型发电站。爱迪生早年间研究过蓄电池,希望它们能为电站储存电能以实现电流的平稳输出,这样就能延长灯泡的使用寿命,但是他发现蓄电池无法满足要求,最终舍弃了这一计划。"在我看来,蓄电池只是骗人的、哗众取宠的东西,是证券公司欺骗公众的玩意。"有人引用他在1883年的伦敦访谈时的原话,"蓄电池就是一种让人浮想联翩的怪物,也是那些圈钱的骗子们最得意、最合适的工具……从科技角度看,储电的思路很好,但是从经济性上看,绝对是最失败的发明"。

给城市照明的第一人并不是爱迪生,但是爱迪生能把照明工程的营销工作做得最好。他在曼哈顿的"珍珠街"建成首座发电站并投入运营。而"刷形电弧照明公司"早已经安装了20多盏电弧灯,并自费为纽约的一条街道照明。这家公司的推广活动很有水准,但是比不上爱迪生的手段。在金融巨头摩根(J. P. Morgan)的支持下,爱迪生的公司很快开始营业,使用单体发电机为那些知名度很高的地方提供照明服务,比如纽约证交所和芝加哥音乐学院,也包括商店的橱窗。几年间在美国一共安装了300多个这样的独立发电机。

这并不意味着爱迪生要放弃原先中心电站的想法。相反,他动用全部有效手段推广电灯照明技术。依照当今的营销策略,他把电力定位于"高端"产品,一定能刺激消费。在曼哈顿南城,他给一座名叫"尼布罗花园(Niblo's Garden)"的时尚剧场供应电池供电的灯泡,并安装在舞蹈演员的服装上。对于爱迪生和其他研究者来说,任何让公众见识电灯的做法都是好事情。爱迪生在大城市点亮的橱窗和招牌不仅在推销那些赞助商的产品,也在推广电气照明的概念。

正如电报系统的应用原理已被简化成了门铃和酒店的呼叫器一样,电气照明系统也被简化了。欧洲和美国已经出现了特殊场合租用电灯的业务。到了19世纪80年代,电力已经能满足特殊需求,定制服务中出现了串联起来的电灯泡和为之供电的铅酸蓄电池。社交聚会的主人会和电力公司协商需要的灯泡数目以及服务时间。受过训练的电工掌握着神秘的电气技能，负责灯光系统的安装。人们把电灯照耀下的宴会和舞会看作最新潮、最时尚的事情。提供电力的大型铅酸蓄电池的公司包括"纽约独体蓄电池公司"和"蓄电池公司"，为富家舞会提供照明服务是其专长。可是今天这样的聚会却必须要用烛光营造情调。

同样在19世纪80年代，"电灯姑娘照明公司"在纽约市成立。付费后，晚会主人可以租用年轻女子，她们身上装饰着由小电池供电的电灯泡。《纽约时报》用略带挑逗的口吻报道了这家公司的创举："'电灯姑娘照明公司'将要用相当于50～100根蜡烛那么亮的灯光装扮一位美女，她会从黄昏一直工作到午夜——或者你想要多晚就可以多晚……"

> 女孩会一直坐在大厅里，听到有客人按响门铃后，她就点亮身上的电灯，打开房门，让客人进入后再用灯光将其引导进会客室。如果主人希望她保持着开灯状态，而且另安排了佣人去开门迎客，那么电灯姑娘就摆出生动别致的造型，这无疑会给家里增添一道美景。

不单单是"电灯姑娘照明公司"在利用电池照明灯做生意，富有创新精神的舞蹈演员罗伊·富勒（Loie Fuller）也把电灯和舞蹈艺术结合起来。她将演员们与灯泡和电池相连，使其在黑暗的舞台上表演。科尼利厄斯·范德比尔特夫人（Cornelius Vanderbilt）是上流社会的贵妇，铁路大亨的第二任妻子，传说她为了在聚会中取悦宾客，托人制作了装饰着电灯的长袍和礼服，以此营造静物画的特殊效果。

电力还有很多更朴实的用途，人们至少在日常生活中有希望能使用到电池动力的神奇装置。从第一款电熨斗和电风扇到缝纫机和电烤箱，那些节省劳力的居家产品都有了专利，也经常做宣传。不要介意那些电器投入实际使用阶段还要等上几年，甚至几十年，它们已经证明了电能的伟大之处。

电池又发挥了不同寻常的用途。据说非洲探险家和记者亨利·莫顿·斯坦利（Henry Morton Stanley）在19世纪70年代的非洲远征中携带了一个小电池。当他与部落酋长握手时，偷偷给他们施加电击，目的是让土著人领教他的优越感和权势。这一把戏受到诟病后，有人却如此辩解："用一种无害而又有效的方法灌输事实能有什么错呢？真是不可理喻！"

电在19世纪90年代的几次世博会上大出风头。人们蜂拥至展览会上一睹工业革命时代的众多奇观，争相领略蒸汽机的威猛力量。随着20世纪的来临，和电有关的奇迹很快成为时代的主角。1893年，芝加哥举办了哥伦比亚世博会，由发电机带动的9万多盏白炽灯日夜照耀着会场,展示了美国其他城市所不及的电力照明效果。到会的观众激动地见识到了种种新鲜事物,包括自动人行道和人造泻湖里的50多艘电瓶船。电气化建筑物里的科技奇观更是不胜枚举,到处都是最新的产品,它们的动力来自电池或发电站。看到这一切,还会有人看不清世界的发展方向吗? 然而,电气化的进程始终是曲折的。

至少有部分问题源自电气工程自身的混乱状态。即使到了各种电器大量飞速涌现的19世纪80年代,不同行业在面对类似的工程疑难时,几乎没有一致的解决办法,比如电报技术和电镀工艺,很多方面没有统一的标准。而诸如土木工程或机械工程等领域中,却很少存在这样的问题。

爱迪生在推销自己的电器产品时就意识到了这个问题。19世纪80年代,他和哥伦比亚大学的负责人会面时,探讨过开设电气工程课程的构想,甚至想主动捐赠一些设备,包括在巴黎世博会用过的一台发电机。大学的那些领导们好像产生了兴趣,甚至表现出欢迎的态度,但是提出了条件:大名鼎鼎的爱迪生先生愿意自己出资开设课程。合作的意向就此搁置起来。

安全性得到认可后的许多年间,电还是被看作进步的标志,更是一种奢侈品。在一些作家的作品里能找到明显的证据,他们生活的时代恰好跨越了19世纪和20世纪。菲兹杰拉德(F. Scott Fitzgerald)的小说《了不起的盖茨比》(*The Great Gatsby*)中的叙事者尼克·卡拉韦(Carraway)几乎管不住自己,不停地在评论着盖茨比家明亮的灯光。盖茨比凝视着绿色的电灯,那灯光标志着他的爱,而且灯光使他的家隔着河水也惹人喜爱。后来,在盖茨比死后,卡拉韦读到一份古老的自主学习计划书,那是盖茨比小时候给自己写的,"学习电学,等"。剧作家尤金·奥尼尔(Eugene O'Neill)在《进入黑夜的漫长旅程》(*Long Day's Journey into Night*)中描写到一家之主的詹姆斯·蒂龙(Tyrone)反复告诫儿子们要节省电费,"跟你们讲过要关灯! 我们不开舞会。晚上这段时间用不着干耗电把屋里照得通亮,那是在烧钱啊!"奥尼尔在《发电机》里把人物设定在宗教信仰和科学技术(尤其是电)之间苦苦挣扎,剧中一个人物的名字赖特(Light)的英文本义就是"光亮、灯"。

就像电灯一样,注定要发明出来的装置中还有电话。独特之处在于同时研究电话的人数众多,其中的代表性人物是伊莱沙·格雷(Elisha Gray)。格雷主要活动在芝加哥,以前已经被视为一个认真的发明家,持有几项改进电报技术的专利,例如改进过的继电器。这在当时是了不起的成就,因为电报是大产业,即使是很小的优化处理都能发财。他和埃诺斯·巴顿(Enos Barton)共同创建了"格雷巴公司"(Greybar)(二人姓氏组合在一起的名称)。到19世纪70年代初,成立了"西部电子公司"。

在格雷看来,电话是电报的又一种形式,传递的不是简单的滴答声,而是语音信息。19世纪70年代早期,他研制出的电话的确能发送不同的声音,每个音由独立的一个电键发出。大家都说那是个独特的仪器,但是在电报业几乎没用。此后不久,格雷又有产生了液体传声器和原始扬声器的构想。

格雷很不走运,他的律师在1876年2月14日正式递交专利申请报告,而就在同一天,亚历山大·格拉汉姆·贝尔(Alexander Graham Bell)的律师也提交了电话的专利。格雷的申请就像事先占好了位置一样先一步递交上去,所以电话的发明本应归功于格雷。结果是贝尔的专利首先获批,接下来便是纠缠不清的法律诉讼,前后持续了两年,针对官僚腐败的指控涉及各个方面,从文件叠放的顺序不合理到归档时有人纵容贝尔偷看格雷的材料等。

究竟谁的申请报告是最先递送进去的,还是争执不下,但是贝尔最后赢得了官司,他的地位也在历史书里得到了认定。而格雷则继续搞发明,后来推出了独创的"电报传真机",在电报线路的基础上使用小电机传送文字信息。

安东尼奥·梅乌奇(Antonio Meucci)的情况比贝尔和格雷的案件更受关注。梅乌奇是意大利发明家、工程师和政治活动家,游历多处之后定居在纽约的斯塔滕岛。在照料患病妻子的过程中,他开始试用电疗法医治妻子的关节炎,接着把注意力转到通信技术,以便在家里的不同地方保持夫妻间沟通的顺畅。早在贝尔或格雷申请电话专利之前,梅乌奇已经研制出了原始的实用电话,时间可追溯到19世纪40年代至50年代。因为生活困窘,甚至连申请专利时的小额手续费也无力支付,他被迫为自己的发明四处拜访,谋求经济资助。

梅乌奇像格雷一样把贝尔告上了法庭。案件拖拖拉拉进行了9年后不了了之。

如果不考虑贝尔的岳父运用了个人影响力之类的细节,研发电话的贝尔好像是一匹黑马。贝尔出生在苏格兰,虽然自幼热爱科学和发明,但是科学事业或工业生产解决不了他的生计问题,他在波士顿从事聋哑儿童的教学工作,并在那里遇到自己的妻子,她也是贝尔的学生之一。

沿着其他发明家铺就的道路,贝尔推出了第一款电话机,它并不是我们今天所知的样子,更像是一种乐器。贝尔的设计思路是用一个类似音乐盒的装置复制模糊的语音信息。我们可以把电话看作是电报技术在某种程度上的自然进化,那么继续在电报系统的基础上进行改进则是完全可行的,而电报的机械部分利用了电磁感应原理工作,比如触动电键发出信号的操作等。

贝尔的助手托马斯·沃森(Thomas Watson)是一名技术高超的机械师。根据传说,他们把一些乐器的簧片接在导线上,在测试期间,沃森拨动一个簧片时,导线传递的声音效果远比预期要好。拨动簧片时干扰了导线的电磁场,而贝尔在另一端听到的是电磁场中断所再现的声音。不经意间,贝尔或沃森把一个螺丝拧得太紧了,反倒使导线得到连续的电流,从而变得敏感并产生了意想不到的实验效果。

贝尔用了几个月时间进行完善,甚至在制成可用的电话模型之前就去申请专利了。最后,他勉强完成了实用的"说话电报机"。第一部电话机的样子很古怪,被人戏称为"绞架电话"。电话的工作方式非常简单——有人对着喇叭形的话筒讲话(或喊话),声波使话筒底部的一个薄膜发生震动。薄膜连着的一根细棒插在含有酸液的金属杯里,与之连接的导线由电池供电。说话人每次喊话后,声波的震动使得金属棒上下跳动,因此改变了线路中的电阻。线路另一端有一套同样的装置将上述过程逆转,主要是把电脉冲信号解码成声波的震动。

"绞架电话"没有实际应用价值,只是验证了电话的原理。我们知道电报的基本原理,就是通过电路的简单开闭来激活电磁场。与之相比,贝尔的电话却是革命性的发明。他成功地把相对复杂的声波转换成机械运动,然后转为电信号,最后再还原成声波的形式。在当时的条件下,那绝对是非常巧妙的技术。后来,电话里的金属杯及其里面的酸性混合物被替换成磁铁,放在磁铁中心的一块软铁条随同薄膜震动,进而改变线路电阻,这时的电话才成为真正实用的装置。

贝尔在专利申请的文字中和自己与他人的通信内容中,都把自己的发明称为"电报改进技术"。他的贡献当然是把前沿的通信技术从专业人士那里搬到了普通消费者的手中。两个人的远程通信就不再需要第三方——报务员的参与了。但是西部联合电报公司的业务还会经营下去。

专利申请成功后的两年间,美国已经有了1万部贝尔电话。到1890年初,电话机数量增长到25万多部,此时贝尔的专利也已过期。比装机数量迅速增长更受关注的是电话引发的若干诉讼案件。贝尔为了保护自己的专利权,多年来不得不应付几百起官司(有人统计是600起),而且在所有案件中都赢了。

市场上出现了各种各样的电话机。很多现象值得关注,比如很多家庭都储备电话专用的电池,不论是干电池还是勒克朗谢电池。电话公司的员工会为用户提供电池维护的上门服务,比如根据需要对电解液进行补充或更换。因此,那时的电话系统起码是不方便的。之后中心站统一为用户提供线路电流,终于省去了这一麻烦。

不管发展如何迅猛,电话的社会地位仍然存在困惑。电话的推广者在一开始就坚信他们的产品是革命性的,发展商务通信差不多是唯一的前途。对他们来说，电话可是正经的科技产物，显然应该发挥正经用途。虽然电话技术还在发展，毕竟资源有限，所以用户占用线路用于聊天闲谈肯定是不行的。而女同胞们最有可能背上滥用技术的罪名。

只在20世纪初的几年间，电话公司才开始向用户大献殷勤，鼓吹电话给人带来的种种便利。根据贝尔公司管理层当时的说法，电话完全是一种适合家用的技术产品，能把主妇改造成高效率的居家管理者。有关电话的不实之词也开始冒出来。一家报社的编辑曾警告电话机主不得同患者通话，以免通过电话线感染疾病。

消费者需要电话服务一旦成为显而易见的事实，各家公司马上通过广告以及公开展示等形式进行推销，而报纸和杂志的热心编辑们很擅长广告植入技巧。业界也开始推出电话的新用途，包括新闻播报、气象预报甚至音乐会信息等。

当然，有些人对电学的相关概念虽然一知半解，但是他们不必全盘接受电气化的真正潜力。江湖骗子瞄准的正是这些人。正规科学技术每经历一次突破，好像都会伴生着一些骗术，而且医学骗术更能长盛不衰。相对便宜的电源很容易得到，公众对新兴科学也存在着迷信，从而使庸医大行其道。电能够眨眼间把信息传到千里之外，或者传递真实的话语，那么这种神奇的力量就有可能治愈机体的简单病患，比如视力下降、抑郁症、性功能障碍、痛风或者消化异常等。

1871年，纽约医生阿尔伯特·斯蒂尔（Albert Steele）宣布：他从实验中得出明确结论"……人体就是一部电机，而疾病就是系统中发生的电力紊乱或衰减现象"。

这位"好医生"当然不会细心探讨那些实验到底是怎么回事，尽管它们的科学性很高，而且超过了非专业人士的理解。我们不必在乎实验的无聊细节，不管多么牵强，至少在电学和科学角度上看起来是可信的。

沃尔特·惠特曼（Walt Whitman）写的《我歌颂带电的肉体》是一首狂想曲风格的长诗，电流的神秘力量成为诗歌里的一个隐喻，而在斯蒂尔及其追随者看来，人体和电网之间有很多相似之处。基于这种认识，他们把身体含蓄地理解成神秘的电路系统。任何看到斯蒂尔结论的人都不禁认定他的确精通机体内的线路图。

除了斯蒂尔，各种江湖骗子都搭上了科学技术的"游行花车"，那些披着科学外衣的把戏因此吸引了大批笃信者。根据一些谬论，人体被描述成巨大的"伽伐尼电池"，其依据就是源自伽伐尼的生物电理论，尽管是早已被人揭穿过了的理论，但是有人捕风捉影地加以利用。充斥着大量电脑特效的科幻电影《黑客帝国》也利用了这一概念，再次炒了前人的剩饭。19世纪的著名演说家贝格（J. H. Bagg）讲过一个离奇故事：一位女士通过北极光给自己充过电，她的手指尖就能射出电火花，而且能维持一段时间。她不仅是普通的电池，而且是蓄电池。

提供电医学服务的完整产业链应运而生。医疗器械厂商开始为医生生产电池动力的电疗设备。这些仪器的售价从最初的10美元上涨到25美元甚至更高，它们看上去当然是正规医疗器械的模样，安放在精工制作的木匣里，配件都是亮闪闪的黄铜材质，还设置了复杂的线路。仪器设计得便于携带，适合上门服务。杰罗姆·基德尔（Jerome Kidder）便是知名的制造商，他的产品使用电池和感应线圈增强电压，其他仪器则使用小型手摇发电机。

美国食品和药物管理局成立之前，电学疗法很快进入了家庭应用。那些治疗仪器种类繁多，有的荒唐可笑，有的令人毛骨悚然。有些机器只是在患者握住两个导电手柄时释放微弱电荷，给他们充填神奇的治病电能。韦尔斯（W. R. Wells）教授推销的一种产品是个特例，涉足电疗的新手完全可以用它在自己家里开张营业，因为它能满足各种需要，而且配备详细的使用说明，包括如何配制电池所需的化学品。对于那些真心致力于电疗法的人士，好心的韦尔斯教授又推出了一套可供选择的医疗设备及特殊探针，其用途是精确地在眼睛、咽喉、阴道或直肠部位施加可靠电流以便治病。后来，对新市场持观望态度而又精明的发明者开始推销震动探针，其功效是"恢复元气"，最后在医疗领域之外发展成完全独立的一个产业，仪器的动力当然来自电池。

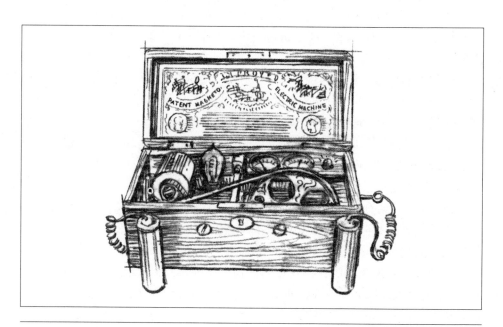

早期骗人的治疗仪

市场经销着无数可疑的电气装置。英格兰的一位发明者推出了一种特殊肥皂，广告中说洗浴时肥皂能够放电。现在只有大概的细节，似乎制造者声称肥皂的酸性成分和金属电极发生反应（大概是锌和铜），从而把浴缸变成了电池。几年后，随着电池的体积开始缩小，制帽厂商生产了连接电池的帽子，并宣称电池产生的柔和电流能减轻头痛、防止脱发。想要保持贞洁的年轻女士还能买到束腹电衣。实际上它就是通电的贞洁带，遇到有人侵犯时能发出鸣笛声，和现代的汽车报警器差不多。如同所有的新技术一样，发明人——甚至最拙劣的骗子都会迎合特定市场的关注点。值得注意的是，那些关注点在100多年来发生的变化非常小。

大城市是那些骗子的主要市场。那些大城市的居民容易受骗上当，他们在很多方面代表着勒德分子①轻率莽撞的特点，他们曾在19世纪初期强烈抗议使用自动纺织机械。换而言之，勒德分子盲目地反对科学和技术，而忠实的拥护者们同样是盲目的态度。那些勒德分子当然有其正当的一面，因为自动化的纺织厂确实导致了英国一些地区严重的失业和贫困现象。相反，满怀激情的新技术爱好者普遍对电气技术及其局限性缺乏真正的了解。

只要和科学沾上一点边，即使是很荒诞的主张也能吸引大批的追随者，他们来自日益壮大的中产阶级，而中产阶级迫切希望在社会进步中争得先锋地位。为了抓住人们的消费心理，简单的手段常常是推出一种道貌岸然的产品，同时还有骗子伪装成精通科学的大师。

"电腰带"大概是影响力最长的一种骗术。19世纪70年代，英国人普尔弗马克（J. L. Pulvermacher）首先发明了电腰带，之后很多人开始仿造，一直热卖到20世纪。该产品宣传的功效是增强精力、改善血液循环和消化机能，虽然没有任何疗效，但是技术设计却各有特色。第一代电腰带上能看到并联的木条，上面缠着锌丝和铜丝，构成了原始的电池。使用者按照要求把腰带浸到稀醋酸里，然后贴身系在衣服下面。因为电流产生明显的刺痛感，所以腰带产生了一定的作用。有一款产品甚至配备了一只杯子，里面有醋酸浸过的铜和锌线圈，其用途是给阴囊做电疗。另有一款医疗链，适合戴在胸部。

这种腰带以及普尔弗马克教授的多款链子得到了广泛的热捧，也渗透到19世纪的文学作品里。在《包法利夫人》中，自命不凡的药剂师奥梅（Homais）热衷于追随上流社会的流行时尚，在哀悼包法利夫人的时候，他感觉坟墓掩埋不住夫人的魅力。"他很喜欢普尔弗马克的水电医疗链，达到了痴迷的程度，自己身

---

① Ludesdit, 1811—1816年，英国手工业工人中参加捣毁机器运动的人，也指反对机械化自动化或阻碍技术进步的人。

上就绑了一条；一到晚上，他脱下法兰绒背心，奥梅太太立刻眼花缭乱，看不见自己的丈夫，只见他身上金光闪闪的螺旋形链子，比古代蛮夷身上缠的金线更长，比东方王爷的装束更光彩夺目，她不由不对他更加钦佩得五体投地"。

当时有人试图揭穿骗术的真面目，那是阻力重重的逆境作战。1892年，英国的《电气评论》杂志打算揭露电疗腰带的骗人把戏，大受欢迎的"Harness"牌电疗带的生产者"医疗电池公司"将出版社告上法庭，罪名是诽谤，但是诉讼没有成功。

假如有人相信的话，电疗法真有一次极富创意的运用，成为折磨媒体人的一种手段。记者和摄影师雅各布·里斯（Jacob Riis）在他写的《另一半美国人怎么生活》（1890）一书中想努力唤醒美国人的良知，去关注穷苦人的悲惨生活。后来编写自传性的作品《怎样成为一个美国人》（1901）时细致介绍了接受电疗法的切身经历：

我记得很清楚，我和警察局局长马修斯谁都没有说话，坐了1个小时后忍不住又想试探一番。此前他已经给我讲了事件内幕，全城的人都为之震惊。我说有必要把那件事刊登出来，题材太好了。不行，不能报道，他说。我很清楚他没错，但是我坚持要登报，好机会不容错过。马修斯摇头不语。因为他本身有病，我们一起抽烟聊天时还在用电池做电疗，那是他天天必做的功课。他笑着提醒我捅马蜂窝会有怎样的后果，然后改变了话题。

"试过电疗吗？"说话间他递给我仪器的手柄。我将信将疑地接过来，觉察到电流刺痛了指尖。紧接着我好像被老虎钳夹住一样动弹不得，痛苦地扭曲着。

"停下！"我大叫，想扔掉手柄，但双手向鸡爪般蜷缩着，紧紧抓住不放。我望着警官，见他悠闲地研究着电池，不慌不忙拨动开关，把电流加大了。

"求求您了，快停！"我冲他喊道。马修斯抬起探询的目光。

"那采访，现在，"他拖长了调，"您还认为应该报道……"

"哇，哇！放开，我告诉你！"那感觉痛苦不堪。他又把开关拨了一档。

"你知道那可不行，真的。要不……"他故意要加大电流。我挺不住了。

"停吧，"我哀求着，"我一个字都不会说。关掉电源"。

马修斯饶了我。此后几年的交往中，他再也没有提起那件事，但会时不时地干笑着，提议要请我享用"对健康大有好处"的电池。我一概谢绝他的好意。

电疗带和电疗法不仅大受欢迎,而且意外吸引了一些推广者。其中最特殊、最想不到的人物或许就是亨利·盖洛德·威尔希尔(Henry Gaylord Wilshire)。他生于俄亥俄州的显赫家族,19世纪80年代从哈佛大学辍学后转学到南加州大学,最后在房地产界发迹——洛杉矶的"威尔希尔大道"以他的姓氏命名。尽管别无所长,他的兴趣非常广泛而且经常互相冲突。他本人是唯利是图的地产大亨,竞选议员时是彻头彻尾的社会主义者,他的家里总是高朋满座,吸引来成群的激进文人和作家,包括威尔斯(H. G. Wells)、萧伯纳(George Bernard Shaw)和厄普顿·辛克莱(Upton Sinclair)等人。

1925年,威尔希尔开始推广"I-ON-A-CO"牌的电项圈,类似一种马具的电磁装置。这种项圈的理论依据是电磁场会和人体的天然铁成分相互作用,从而使人恢复健康。根据众多传说,威尔希尔对电腰带的疗效深信不疑,甚至说服友人辛克莱帮他推广。他本人不仅为项目投入巨资,而且押上了百万富翁的信誉。到了20世纪20年代末期,电项圈的热潮开始渐渐消散,但是成千上万的产品已经卖出去了,更有数十万人在各家店面诊所里接受过电疗。

甚至那些本该头脑清醒的人也对电疗法许诺的神奇疗效信以为真了。1887年的2月,《电气评论》刊登题为"电疗治病"的文章,报道说议员们为了提神健脑,偷偷溜进国会大厦的地下室,通过锅炉房安装的一个装置给自己充电。几年后,伦敦皇家内科医师学院的院长托马斯·巴罗(Thomas Barlow)爵士提倡"电鸡尾酒"疗法,就是把湿润的海绵固定在电池上,然后擦拭脸部。

"如果你招待朋友时不想跟他一醉方休,那就请他品尝一下带电的鸡尾酒,"巴罗说,"与酒精相比,电刺激不会给你造成伤害"。传说的内容可能有缺失,因为电鸡尾酒开始流行的时候,不是用电池和海绵配制的,而是真正的酒精和少量的糖。有一根探针加热混合液体,而连着电池的探针含有铂金成分。"它很可能成为时髦的冬季饮品,冷热皆宜"。1885年的《电气评论》如此写道。

九
设计天才

电：光和能的刻刀，时空的吞噬者；带着话语飞跃陆地和大海；人类的最佳奴仆——还是不为人知的。

——查尔斯·艾略特（Charles W. Eliot）
在华盛顿特区联合车站的题词

电力基础设施的建设缓慢，和电报网的发展相比更是令人无法容忍。1917年，美国只有约24%的家庭通上了电。更奇怪的是，19世纪80年代初期，爱迪生已经开始从珍珠街的电厂给纽约城照明了，可是几十年过去了，1925年的乡村居民几乎用不到电力——尽管城市差不多都已电气化了。

覆盖全国的电网没有建成，而且电仍然是城里人的新奇玩意，还不是日常的必需品。在此背景下，爱迪生成为电池动力产品开发的先锋。最早的、也许是最怪异的电气设备之一是"电动刻写笔"，1875年由爱迪生团队研制成功，也是最早使用电动机的消费品之一。电动笔就像小号的尖矛，上端安装着一台小电机。开动机器后，往复运动的针尖在使用者书写的时候，能在纸面上留下无数的小孔，使之成为漏字版。把纸安放在小型印刷机上后，用滚筒蘸墨水就能复印纸上刻下的内容了，很像老式印刷机或者丝网印刷法。墨水会从针尖打出的孔中透过，从而印出副本。

爱迪生对电动笔寄予厚望，把它当作省力的办公设备进行大力推广。他没有全错——文件复制在19世纪初期还是耗时费力的工作。电动笔被推销成"爱迪生真迹刻写电动笔"，当时的售价为30美元（按定值美元计算大约为＄600.00）。如果不是电池的问题，电动笔肯定会热销起来。客户们都不喜欢应付铅酸电池弄出的麻烦。商业企业在骨子里都比较保守，而更先进的打字机就被他们抵制了好多年。据说当时有50多款打字机先后被发明出来并获得专利，但是各自的用途都很有限，难怪得不到青睐。爱迪生推出电动笔的同时，军火生产商"雷明顿父子公司（E. Remington and Sons）"开始推销一种打字机，最后取得了一定的成功。这样一来，电机有噪音、电池有渗漏的电动刻写笔，很难有机会进入商务办公领域。

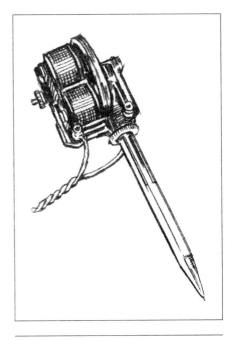

爱迪生电动笔

爱迪生的办法是彻底重新设计电动笔用的电池。虽然还用"湿式电池"，但他做了改进，把溶液盒封装起来，使其不易泄漏，接着重新设计电池的整体结构，方便用户拆解和清洗。最后，他加装了一个提升电极的小控制杆，以防电池在不用时自行放电。

虽然做了这些改进，但电动笔完全没有获得爱迪生所期待的成功。可是，它的确有一些支持者，最有名的是查尔斯·道奇森（Charles Dodgson），更为人熟知的名字则是《爱丽丝漫游奇境记》的作者路易斯·卡洛尔（Lewis Carroll）。几年后，电动笔所使用的漏字版原理同样运用到了已经流行起来的打字机上。"A.B.迪克创新技术公司"在爱迪生的帮助下开发出一套滚筒油印机系统，利用漏字版在一台专门的印刷机上进行批量翻印。这家公司最后用"爱迪生油印机"经销这一产品，因为爱迪生是行业中最响亮的技术品牌。

电动笔并没有销声匿迹，在产品问世20年后的19世纪90年代，纽约市的一位纹身艺术家塞缪尔·奥莱利（Samuel O'Reilly）把电动笔改造成最早的现代自动纹身器械，明显缩短了漫长而又疼痛万分的纹身过程（原来的纹身是手工完成的）。

电池将继续困扰爱迪生，直到世纪之交甚至更久的时候。即使他发明的留声机成了普及的消费品，可是当他用新型的电动机型替代原来发条式的机械动力机型时，消费者还是不太接受。早期的实验证明：钟表或音乐盒所用的发条传动装置不能产生一直稳定的旋转动力，而平稳的转动正是留声机的蜡筒发出清晰声音所必需的。使用电池动力的电机则是最好的工程技术办法，可是大众消费者却不买账。

可能因为消费者从一开始就没有奢望过好音质，而且电动留声机需要定期保养、更换电解液，其价钱也更高。随着家庭娱乐市场的发展，人们不再满足于客厅里的竖式钢琴，所以对于留声机这类奢侈物件，消费者更关心它们的价格。电动留声机在那时的售价是100美元，而商店里热销的是竞争厂商的发条式机器，能便宜到每台25美元或更少。

到了世纪之交，不知为什么，爱迪生勉强设计了一款发条式留声机，只卖10美元一台，销售额却突飞猛进。1898年他便卖出了1.4万台廉价的发条机型留声机，而电动的只有400多台。公众还没有准备好接受电池这种动力源。

多数电池也不适合普通百姓使用。因为电动消费品相对很少，电池技术仍然停留在湿式电池阶段，因此发展得很不顺利。两位法国人菲利克斯·拉朗德（Felix Lalande）和乔治·沙佩龙（George Chaperon）发明了所谓的"拉朗德电池"，它是安置在陶制容器里的小巧装置，电极使用的是锌和压缩的氧化铜，用碱性的电解液取代了稀硫酸。科学家发现碱溶液不易发生酸性电池常见的极化反应，而且能保证稳定的电流供应，同时所牺牲的电能是最小的。拉朗德电池产生的电流不仅足以驱动一般的电器，而且除更换电解液之外，基本不用特别的维护。

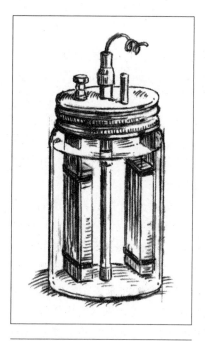

第一款拉朗德电池主要供电报业的专业人士使用，其渗透性陶罐给人似曾相识的感觉，但电报业一致不看好这种新电池。专业的电池维护人员按照长期形成的习惯流程，处理极化问题时可谓得心应手。可是他们所能反映出的问题，仅仅是拉朗德电池产生的反应液比正在使用的酸性电池要少一点。

拉朗德没有灰心，重新设计了电池外壳，用封口的瓷罐替代以前普遍采用的多孔陶罐。新设计对提高电流输出没有作用，却使电池更适合家用。电气照明的确使用过这种电池，不过时间并不长。

爱迪生坚信，实现电气照明的前提条件是必须建设中心电站，同时也寄希望于电池能解决消费产品的电源问题。改进过的拉朗德电池似乎能满足家中没有电源的潜在消费者的需要，而那些人才是人们口中的绝大多数。

拉朗德电池

这种新电池容易使用和保养，所以爱迪生在很多不同的电器上推广使用"爱迪生-拉朗德电池"，包括留声机。新电池高度不到20.32厘米，直径10.16厘米，不仅很耐用，而且电量也足够强，可以在户外长时间使用而不用维护，成为电路信号灯之类设备的理想电源。

1899年，爱迪生开始从事一项新工作，后来也成为最后经手的宏伟工程。当机动车开始出现的时候，他也在探索电池动力汽车的研制。那时的汽车已经勾起了公众的想象力。爱迪生准确地判断出汽车一定会成为下一个热门事物。而电动汽车需要一种持久耐用、重量轻、能再次充电的新型电池。

在当时，汽油动力的汽车远未取得今天这般的主导地位，因此爱迪生深信内燃机技术只是过渡性的，最终会让位给电动汽车。事实上，他本应该是对的，只不过严重误判了过渡时间的长短以及重量轻又耐用的电池的研发难度。

电动汽车不是新事物，已经使用了很多年，其技术难题在于驱动汽车的电池重量问题始终无法解决。1894年出产的"Electrobat"电动车的总重量超过了1 814.37千克，而电池的重量就占了38%——尽管充一次电能行驶约80.47～160.93千米。

为了研制出重量轻、电量足、易充电的电源，爱迪生耗费了10多年的时间，经历了数千次试验。他坚持着一贯的做法，分派手下的团队挖掘研究有关电池方面的现有资料，包括欧美两地几十年间的专利和科技期刊。爱迪生本人在研发过程中进行过成千上万次实验，试验了成百上千的化学材料后，终于找到了一种可行的碱性电池。

爱迪生的电池实验经历过多次失败，在面对各界的强烈质疑时，他的应答成为经典："不对，我没有失败。我发现了蓄电池的24 999个毛病"。

爱迪生从来不忌惮提早推销自己的产品。他在一次采访中做了如下表达。

这些电池充电一次就能跑100英里（约160.93千米）甚至更远，几个小时能完成充电，不需要常规电池的特别维护。唯一要做的只是偶尔添加一点因蒸发而损失的液体。我不知道其中一部电池的寿命到底有多长，因为我们还没有办法耗尽它的所有电量，但是我确信：一部电池的寿命能连续满足4、5辆车的需要。

爱迪生特别提到的那个电池没有通过最初的测试。另一个则顺利通过初步测试，并很快投入生产。

他基于过去成功的经验进行了一番规划，准备把新型电池使用在一些知名大公司名下的汽车上，包括"蒙哥马利-沃德百货公司（Montgomery Ward）""中央酿造有限公司（Central Brewing Co.）"以及"蒂梵尼珠宝公司（Tiffany & Company）"。但是电池存在缺陷，爱迪生及其团队只好再次进行改进。

爱迪生终于完善了碱性蓄电池的设计，可是不管它如何可靠，却没有机会得到用户的青睐。1909年问世的福特"T型车"使用了可靠的内燃发动机，已经成为乘用车的新标准。曾在"爱迪生照明公司"发电站里工作过的亨利·福特将计就计地击败了爱迪生。有报道说福特用一句妙语评价他的T型车，"只要汽车底色是黑的，顾客就可以把它漆成任何想要的颜色"。

爱迪生不打算让多年的研究成果付之东流。为了着手给碱性电池找到新的用途，他又设计出一系列装置，从铁路的信号灯和道岔的转辙器再到轮船和矿工使用的照明灯，它们的动力都来自电池。最后，这些产品成了爱迪生商业帝国中利润最丰厚的部分。

然而，常年开发电池可能分散了"门罗公园奇才"的精力，使其无暇顾及那时冒出来的其他发明项目。他排斥收音机，称其为"一时的狂热产物"，煞费苦心地解释说："……如果试图让收音机那东西收听音乐，肯定会遇到无法克服的自然法则"。他又多年拒绝了把留声机和收音机整合成一体的机会，坐视两种技术在消费者面前互相竞争，即使分销商和消费者们强烈要求把两种产品合二为一，他也不为所动。

发明的黄金时代

> 对于电子来说——但愿它不会对任何人有任何用途!
> ——约瑟夫·约翰·汤姆森 (Joseph John Thomson)

　　19世纪末的科学界经历了一段繁荣时期。19世纪80年代,德国物理学家海因里希·赫兹 (Heinrich Hertz) 证明了无线电波 (又称赫兹波) 的存在。电池放电时的电火花就能放射出无线电波。威廉·伦琴 (Wilhelm Röntgen或Roentgen) 在荧光玻璃管中发现了放射物。英国剑桥的汤姆森研究了电和磁对气体产生的作用,最终揭开了原子的秘密。

　　汤姆森先生被朋友和同事们简称为J.J.。像法拉第一样,他在早年就因其天赋博得声誉,却是无意间步入科学殿堂。他的父亲是曼彻斯特一带的书商,强迫儿子学习工程学。汤姆森因支付不起学徒费用,被录取到附近的"欧文斯学院"(即现在的曼彻斯特大学) 学习数学专业。学习数学只能是聊胜于无,或许以后能有点用。结果是年轻的汤姆森在数学方面的成绩很快得到认可,不久带着奖学金的待遇被选派到剑桥大学,并在那里充分显露了才华。

　　戴着一副眼镜的汤姆森不善言辞,为人低调,性情温和,不到30岁就当选实验物理学专业的"卡文迪什教授";他更擅长在黑板上证明数学难题,而不是动手实验。在很多方面,他和法拉第是镜子里外的一对人。年轻时的法拉第在订书业磨砺了自己的动手操作技能,后来成为实验科学大师,但是受制于高等数学;汤姆森能轻松解出复杂的数学方程式,但是在玻璃试管和烧杯面前却格外笨拙,表现得极其滑稽。据传说,只要汤姆森一走近做实验的学生,他们都会两腿打战,担心教授碰翻自己精确安装的实验器材。自相矛盾的是,汤姆森所做的突破性实验却离不开一件相当复杂的仪器。

人们已知感应线圈(或鲁姆科夫线圈)能增强电压,但是对密封玻璃容器中的气体会产生奇怪的作用。高压电会使玻璃管发光。早在1858年,科学家已经开始研究这一现象,除了得到漂亮的发光玻璃管之外,没有取得什么结果。玻璃管里到底发生了什么依然是一个谜。科学家发现闪光先从带负电荷的阴极发出,然后移动到不远处的阳极上,此外便知之甚少。一些物理学家提出闪光可能是某种未知的电反应结果,而电是能发出光波的。汤姆森想到了证实该理论的实验方法。他把玻璃管的两端分别用金属片封住,金属片同电池和感应线圈相连后,玻璃管发光了,从负电一端向正电一端投射出神秘的亮光。汤姆森等人制作的东西是一种阴极射线管——实际上是原始的显像管,电视机和电脑显示器一度广泛应用过的部件。汤姆森提出神秘闪光不是光波引发的,而是带负电荷的微粒。这些粒子是从玻璃管一端的阴极金属片上涌出来的。

他猜想粒子受到金属正极的吸引力。如果附近放一块磁铁,电磁场会使粒子流弯曲。同样情况,孩子们在电视显像管旁边放上磁铁就会让图像扭曲。磁铁的阳性拉力吸住了阴性的带电粒子。

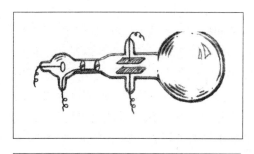

早期的阴极射线管

其他人做过同一实验,但是无人成功,主要原因是他们的设备没有尽可能清除玻璃管里的气体。汤姆森的实验不仅成功了,而且测量出电磁场弯曲光线过程中电荷与粒子质量的比率。

实验结果从任何角度解释都有些怪异。所有数据都表明,无论电极间放射的是什么东西,它们都比氢原子小很多,而氢原子是已知最小最轻的物质。汤姆森发现了电子,第一种已知的亚原子粒子,他命名为"小体"。最终其他物理学家通过计算证明了汤姆森的正确性。后来被改为解剖学色彩很强的名称"电子",可是汤姆森顽固地排斥这一名称,直到1914年左右才接受。那已经是他获得诺贝尔奖的8年之后了。

爱迪生曾目睹过非常相似的现象。试制灯泡的过程中,他在灯泡中多插了一个电极,然后注意到因电子释放导致灯泡内部变黑了。大发明家忽视了被他称为"爱迪生效应"的现象。晚年的爱迪生开始积极在科学界寻求认可,逢人便说他才是电子的发现者。"我当时的研究项目太多了,所以没时间做进一步的探索。"他这样解释。

"对于电子来说——但愿它不会对任何人有任何用途!"成了汤姆森最得意的一句话。

就在拉朗德和沙佩龙在法国改进电池设计的时候,德国化学家卡尔·加斯纳(Carl Gassner)申请了所谓的"干电池"专利。加斯纳在勒克朗谢电池的基础上稍加改进,把氯化铵与熟石膏和一些氯化锌混合在一起,然后封装在锌筒里。

加斯纳的设计堪称巧妙,作为电池容器的锌筒本身又起到负极的作用。加斯纳电池能输出稳定的1.5伏电压,其巨大优势远超"湿电池",特别适合消费市场。干电池不会漏液,也不用维护,可以安放在任何位置,其可靠性比得上市场上任何一种电池,包括拉朗德–沙佩龙式的电池。因为加斯纳电池是固体状的,可以轻易缩小其规格尺寸。1887年,加斯纳及时在欧美各地申请了新电池专利。19世纪90年代,总部在克利夫兰的"全美碳业公司(National Carbon Company)"对加斯纳的原始设计稍加改进后,开始以"哥伦比亚"商标推销干电池。此公司后来被称为"永备电池公司(Eveready)",而后又改为"劲量电池公司(Energizer)",此前一直在生产勒克朗谢式湿电池。哥伦比亚干电池的长度有约15.24厘米,同样能输出稳定的1.5伏电流,很快在市场上获得成功。使用酸性电解质的密封干电池因其低成本和方便好用的特点,成为美国消费市场上第一种大规模生产出来的电池。紧凑耐用的电池终于可以解决各类电器的电源问题。

新型电池真正实现了电能的便捷性,为消费市场的广泛应用做好了准备。一大批新公司开始销售新奇却华而不实的产品,他们有时使用哥伦比亚干电池,但更多时候自己生产手工制的电池。人们可以买到电领带和领带夹,上面装饰着发光的小灯泡,供电的电池则

最早大量生产的哥伦比亚干电池能提供1.5伏稳定电压,在20世纪初成为新一代电器产品的理想电源

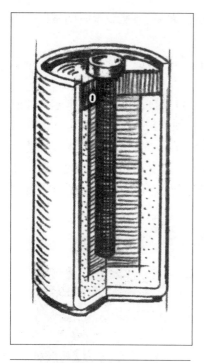

干电池的剖面图

早期的手电筒

藏在西服口袋里。印第安纳波利斯市的"麦康奈尔-西格公司"卖过"常备电手杖",顶端的玻璃帽里安着小灯泡。

消费者已经接受了一种可靠的电源,但是可供选择的实用电器却相对较少。那时候有电钟,大多安装在精雕细刻的木罩里,各种电门铃也在广泛使用。自行车灯也出现了,迎合的是日益普遍的新型交通方式,还有给脚部保暖的电鞋垫。可是这些东西都很奇特另类,即使不用电动产品,普通消费者的生活也过得不错。

最常用的电池动力装置当然是手电筒,但其发展过程却不太明晰。最简明的一种说法是:从俄罗斯移民来的康拉德·休伯特(Conrad Hubert)一直在通过他的"美国常备公司"经销各类新奇的电气产品,包括电领带夹。19世纪晚期,休伯特开始与大卫·米塞尔(David Missell)合作。米塞尔供职的"伯索尔电气公司(Birdsall Electric)"同样制造电动新产品。他们组建了"美国电气创新和制造公司",经销包括手电筒和自行车灯在内的多种电池动力产品。

实际上,市场上已经出现过电筒,它们是由自行车灯改装而来。米塞尔和休伯特的创新之处在于他们根据D型电池的特点,把产品外壳设计成便于携带的圆筒状,取代了自行车灯使用的方形木盒或金属电池盒。

这一对商业搭档在推销电筒时展现了应有的雄心和魄力,先把样品送给纽约市的巡警使用,得到他们的褒奖认可后,在广告中大肆宣传。电筒的营销因此大获成功。当时的D电池长约5.08厘米,直径约2.54厘米,3节电池能长时间为电筒提供充足电能。

这家公司后来被改名前的电池厂商"全美碳业公司"收购，它之后的名称是"永备电池公司"。如果不提到乔舒亚·莱昂内尔·考恩（Joshua Lionel Cowen），故事便可以就此结束了。1947年，考恩在接受《纽约人》杂志采访时，提出发明电筒的人不是米塞尔，而是他自己。根据新的说法，考恩为了给盆栽植物照明，发明了圆筒形电池灯。米塞尔不过是剽窃观赏植物爱好者的创意才造出了电筒。考恩后来解释道，米塞尔和休伯特用很低的价钱买下了他的公司。

考恩是土生土长的纽约人，从小喜欢搞发明设计。他先在纽约城市学院学习，接着又在哥伦比亚大学学习了不长时间，接着进入一家灯具厂工作。按照他自己的描述，18岁那年，一次夜晚做实验期间，他想到了新型的照相机闪光粉的点子，取得专利后发现美国海军正在研究地雷炸药的配方，因此又研制出雷管，以便装配2.4万多颗地雷。

履行完海军部的合同后，考恩开始制造花盆灯并雇用米塞尔负责销售。考恩回忆说他对花盆灯失去了兴趣，也可能是厌烦了客户的抱怨，总之在1906年，他把产业转给了休伯特。休伯特以20万美元的价钱把"美国电气创新和制造公司"一半股权卖给了"全美碳业公司"，也就是"永备电池公司"的原料供应商。

作为交易的一个条件，休伯特仍然任公司的董事长，公司名称正式改为"美国永备公司"，产品的商标名由原来的"Ever Ready"变成"Eveready"。20世纪20年代，据说休伯特去世时积累的财富高达600万美元。

考恩提出的说法有些出入，也指出了产品的技术缺陷，比如电池灯不能长时间工作。不管怎样，故事结局是考恩放弃了一辈子的发明，到老也心怀不满。但是考恩从电筒项目上赚到了不大的一笔钱，多少回报了他的发明工作。几年后，他有了新发明——电动玩具火车，使用自己的中间名"莱昂内尔"命名产品，在玩具火车建设的迷你铁路王国里发挥着余热。

无线电技术

马可尼扮演曼巴蛇，听着收音机。

——杰斐逊飞船乐队（Jefferson Starship），
《我们建造了这座城市》

有这样一个关于古列尔莫·马可尼（Guglielmo Marconi）的传说：1894年，他看到德国物理学家赫兹的讣告时得到无线电报的灵感。赫兹利用莱顿瓶式的"电池"做了无线电波的演示，紧挨着的两个电极之间产生强烈的电火花后，几米远的另一对间隙类似的电极间也产生了火花。故事的另一个版本是马可尼以前就了解赫兹在19世纪60年代所做的实验。当时他才14岁，正在阿尔卑斯山区度假，看过材料后急忙冲回家，开始自己做实验。

赫兹唯一的兴趣在于通过实验证实麦克斯韦的理论。虽然可以探测到远处激发的电火花，然而对于那些火花能否有实质的利用价值，赫兹仍然心存疑问。明确了电磁波的存在，并且能证明麦克斯韦用数学形式提出的完美理论，这是赫兹的最大贡献。

不管马可尼通过什么渠道接触神秘的赫兹波，如果不循常规，能够把电磁波推向实际应用的最佳人选一定是他。马可尼的父亲是意大利富商，母亲继承了詹姆森家族的爱尔兰威士忌酒产业。即使没有正规学历，马可尼也享有足够的资源。资料显示，他接受的教育有些零碎，主要是靠家庭教师和短暂的游学。他分别在英格兰、佛罗伦萨和利沃诺的一些院校学习过。

据说，马可尼过着衣食无忧的生活。《名利场》杂志不客气地评价过晚年的马可尼，"真正的发明家在阁楼里埋头苦干，衣食简朴，甚至卖手表换取实验材料，经历过贫困潦倒后，最后一鸣惊人，为他人造福。而马可尼的物质条件优越舒适，个人财产中不乏金银珠宝，每次饿肚子的时间不超过5小时"。至少从现有的资料来看，情况的确如此。从小到大，马可尼是一根筋式的研究者，就像其他那些挣扎在贫困中的发明家一样执着。即使对家人，他也闭口不谈自己的工作。年轻的马可尼拒绝任何名利的诱惑。

马可尼在"海军学院"的成绩很糟，他却满不在乎地继续做科学实验，结果令他的父亲惊愕不已。老马可尼认为科学事业不是一条正道。他从家里得到的任何支持都是来自他母亲安妮。她的性格刚强独立，来意大利学习歌剧，结果通过当时所谓的"私奔"的方式嫁给了比自己年长、家境富足的朱塞佩·马可尼（Giuseppe Marconi）。安妮是年轻威利（马可尼的小名）生命中很重要的一部分，始终没有离弃儿子，满足儿子研究过程中的所有需要并为其发展铺平了道路。用任何标准来衡量，安妮表现出的母爱都是一流的，甚至是沉重的。或许是因为她的歌剧事业受到父母的干涉，他们眼中的演员职业差不多就是见不得人的行当，所以安妮坚定地支持儿子实现他的理想。

马可尼的父亲自然不太情愿支持儿子的科学事业，尽管他仍为儿子提供着前沿的科技书刊。年轻的马可尼潜心研读那些资料，掌握了实用科学的基本原理。在多年后的采访中，马可尼表达了对法拉第那些讲座的喜爱，但也对富兰克林及其早期的电实验情有独钟，甚至在自己家里复制一些实验过程。

年少的马可尼能把法拉第和富兰克林这样的大师级实验家看作偶像，其实一点都不奇怪。他接受的是非常规教育，不包括纯科学必需的高等数学知识。在法拉第和富兰克林所处的时代，高等数学还没有取得相应的科学地位。富兰克林渴望了解电的本质，潜心于科学实验，像马可尼一样，他关注的是如何从实验方法中实现科学的应用。

马可尼把一间满是尘土的阁楼改建成临时的实验室，那里曾是家族养蚕的地方。马可尼家的庄园"Villa Griffone"地处博洛尼亚城外的蓬泰基奥（Pontecchio），距离伽伐尼早期做电池实验的地方不到几千米远。几十年后，马可尼也开始大显身手。他在庄园里的草地和葡萄园里做过实验后，发现电磁波能穿过或者越过山丘和树木。试图证明麦克斯韦理论的赫兹在实验中发现电磁波能飞过几米距离，而马可尼发现电磁波可以发射到更远的地方。事实上，马可尼把实验科学带到实验室的外面，使之进入更为广阔的世界。他和别人一样不知道电磁波是如何运动的。一直到20世纪20年代，人们才找到明确的答案——那时的定时无线电广播早已成为司空见惯的事。

尽管大家都有疑问，马可尼却没有带着新技术走出阁楼，没有把研究成果奉献给世界，所以世人还没机会感恩戴德。无线电通信一直处于孵化阶段，等待着某个人通过实践和试验来敲碎那层硬壳。就马可尼而言，与其说他是科学家，倒不如说是工程师。青年马可尼开始电磁波实验的前几年，英国著名科学家威廉·克鲁克斯（William Crooks）思考过无线电报技术的可行性。

　　　　我们十分清楚光线不会穿透伦敦的浓雾，同样也不会透过一堵墙，但是波长为一码（约91.44厘米）或更长的电振动将轻易穿过这些媒介，在电波面前，它们就是透明的。那么电报技术有可能不用电线、杆柱、电缆，或者当下任何昂贵设备……科学发现与发明所能做到的正是实现这种可能性所必需的条件，科学研究则是实现的必经之路，而欧洲各国的首都里正如火如荼地开展着研究工作。因此，我们随时会听到好消息，新技术一定会从主观推断变成客观事实。

　　无线电报与电话和其他无数技术突破一样，迟早被发明出来，注定要变成现实。俄罗斯物理学家亚历山大·波波夫（Alexander Popov）成功地传送了短程信号，但是从未发表自己的研究结果。古怪另类的尼古拉·泰斯拉则宣传马可尼利用了他的多项专利，最后和年轻的发明家打了一场失败的官司。英国科学家和发明家大卫·爱德华·休斯（David Edward Hughes）也涉足过赫兹波的探测工作，他把电磁波称为"空中电报"。而麦克斯韦发表电磁理论以及赫兹用实验法进行证明的时间要比休斯晚若干年。可是休斯没有公布他的工作，因此很少有人记得。后来费耶（J. J. Fahie）在20世纪初出版了《无线电报史》，客观地做了澄清。

　　更早的时候，美国弗吉尼亚的一位牙医和业余发明者马伦·卢米斯（Mahlon Loomis）做出了显著贡献，他发出的电波成功跨过蓝岭山，起点在凯托克廷桥（Catoctin Bridge），终点到"熊窝山"，距离超过约19.31千米。虽然内战阻滞了研究工作，国会也终止了拨款，卢米斯还是获得一项措辞含糊的专利，但是他的发明没有任何结果。

　　马萨诸塞州的塔夫茨学院有一位物理学教授阿莫斯·多贝尔（Amos Dolbear），申请到的专利接近马可尼在1882年的电报专利，多年后导致马可尼在美国申请专利时遇到争议，即有名的"7777号专利"。在印度，总统学院的贾格迪什·钱德拉·博斯（Jagadish Chandra Bose）成功发射的赫兹波能敲响电铃，也能引爆地雷。但是博斯教授像卢米斯一样筹集不到实验经费。

甚至爱迪生也涉足无线通信。他设计的一套系统从高架线上向行驶的火车发送信号，利用两根导线靠近时产生的感应现象，而不是发送无线电波。爱迪生的设想并非牵强附会。有一段时间，人们认为利用感应原理真的能解决无线通信难题。有人在伦敦发现电话线路中能接收到临近线路中的信号，那就是感应现象使然。德高望重的约翰·特罗布里奇（John Trowbridge）为给哈佛大学物理实验室的建设工作贡献力量，他大力提倡应用研究方向，物理学要从讲堂推向实验室。他提议建造"功率强大的电动机器"，以实现欧洲到北美间的感应通信。

接下来是皇家海军上校亨利·杰克逊（Henry Jackson），有关他的趣闻多少有些不可思议，据说他先于马可尼实现赫兹波发射，而他的实验却被当作国家机密。杰克逊后来回忆起往事，说他在马可尼进行公开演示的时候曾与之接触，并告之自己以前的实验情况，但是二人的交流结果同样没有公开。

有很多人在欧洲各地进行赫兹波的实验，取得了不同程度的成功。马可尼的优势是年轻人特有的韧性和活力，还有一种工程实践所需的直觉。他能重新整合那些实验设备和商用的器具，使之成为实用的收发报系统。爱迪生指使他的各个团队在相关专利信息中发掘无线电技术的线索，马可尼也采用同样的策略，细致分析现有的科研仪器，希望能找到自己需要的，或者能重组和改造的。

例如，马可尼使用的接收机是物理学家爱德华·布朗利（Édouard Branly）首先在19世纪90年代研制出来的。布朗利是巴黎天主教大学的教授。他把一些金属屑放进试管里，用电池对试管放电时，那些金属屑聚合在一起并发出微光，而且能使电流通过。几年后，英国教授奥利弗·洛奇（Oliver Lodge）发现充满金属屑的试管除了能起到开关或阀门的作用外，还能检测到电磁波，和检测电路电流的伏特计的作用差不多。他把自己的发明称作"粉末检波器"。在一系列的实验中，他把电波发射到约45.72米开外的地方，但是中断了后续的研究工作，没有继续扩大发射距离，也没有努力把发明成果应用到商用通信系统之中。

正是马可尼改进了粉末检波器，使之得以在市场应用。他在真空温度计的玻璃管里试验了不同的金属屑，最后找到粗颗粒的银和镍粉末的理想组合。改进的检波器对电磁波更加敏感。马可尼又发明了一个小锤（或震颤器），它会像电铃一样轻轻自动敲击玻璃管，使聚在一起的金属屑散开，切断激活的电路。这是一个巧妙的设计：检波器在一波电磁能量的作用下，一个局部电池供电的电路经由金属屑连通，此电路连到一个勒克朗谢电池，它带动常用的打字电报机。信号中断后，小锤敲击玻璃管，震开那些吸附在一起的金属屑，等待下一波电磁脉冲。这个系统在很多方面类似电报系统中的继电器。继电器使用比较弱的信号开启局域电路，而此电路由另一个电压更高的电池供电。

马可尼首先使用的发生器的打火间隙约20.32厘米,电源来自15伏的电池组,一个感应线圈增强了输出功率,电磁波信号能传送至几百米距离。以此为起点,他把发射距离逐渐延长到几千米。马可尼的无线电报系统首次在伦敦亮相的几年后,有媒体对他进行了采访。据美国记者的介绍,整套系统包括98块电池,它们与8个蓄电池并联在一起,电压得到提高后再连通到一个大功率感应线圈上,使电压进一步提高。

此后,打火间隙加大到约25.4厘米或更大,信号发射的距离也更远了。其原理是打火间隙决定着无线电波的波长。按照我们现在的认识,发射无线电波是一个无声的过程,可是马可尼的装置却不甘寂寞,电火花在两个铜球上的极柱间噼啪爆响,电弧光不停闪动。"电火花(sparks或sparky)"由此成了无线电发报员的别称。

怀特豪斯可能会对这个事实暗自得意,虽然他在为海底电缆供电时使用的高电压造成了灾难,但是要把无线电信号发射到空中,绝对离不开很高的电压。而手指粗的小电池满足不了要求。为了让检波器里的金属粉末连接排列在一起,强大的电能是必需的。早期演示的无线电技术需要100多个干电池才能产生足够强大的能量,尤其是短程发射。

随着所有这些基本要素准备就绪,马可尼只要能精心设计,就能成功地接收到莫尔斯码。当他研制出实用模型并用它证明了自己的设想之后,意大利政府却没有表示出兴趣。这一打击有可能就此终结青年发明家的理想,使他沦为科技史上的小注脚,成为同博斯或卢米斯一样的失意者,可是不屈不挠的马可尼有贵人相助,运气也很好。他很快离开意大利,去找家族的英国亲戚求助。母亲始终是儿子最坚定的支持者,安妮开始在英格兰的詹姆森家族中牵线搭桥。她的外甥、身为工程师的亨利·詹姆森-戴维斯带头在伦敦为马可尼做好准备。马可尼尚未登船,他的表兄早已打点好了相关的引荐工作。

抵达伦敦的马可尼却发现他的仪器设备被一个过分热心的海关官员打破了。1896年6月2日,他递交了无线电报机的专利申请。有趣的是,为了能精确描述专利的用途,一群律师竟然用了几个月的时间。马可尼发明的到底是什么?意大利男孩发明的所有要素早已经就绪,包括之前的理论研究成果。甚至赫兹波的发射和接收技术也不再是新鲜事。多年来,欧洲的科技期刊经常登载无线电波的内容。最后给专利定下的名头是"电脉冲和信号的发送技术及相关设备……的改进"。

凭借着父亲的财力和母亲家族实实在在的影响力,马可尼的发展道路平顺,完成了一系列的应用展示。实力强大的英国邮政局官员是第一批对象,因为全英国的电报业务都掌握在邮局手里；接着向大众演示。此时的马可尼20出头，能讲一口流利的英语。1896年秋，马可尼在"托因比厅"（Toynbee Hall）。该场馆位于伦敦东部的怀特查佩尔区（Whitechapel，又称白教堂区）。那里是《雾都孤儿》（Oliver Twist）里的老教唆犯费京的老巢，也出过大名鼎鼎的"开膛手杰克"[①]。白教堂区当然不是知识精英汇聚之所，更没有皇家研究院，只适合亲民的实用技术展示，而不适合那些高贵的科学家。

马可尼演示的装置由两个木盒构成，分别装着发射机和接收机。用杠杆压向一只盒子的时候，另一只会响起铃声。现场报道的新闻界很快称呼马可尼为"无线电报的发明者"。长着娃娃脸的马可尼先生的故事太精彩了，无论是媒体还是公众都不忍割舍这一主题：独自一人在意大利的庄园里不停地刻苦钻研，终于创造出神奇的装置。马可尼变身成爱迪生式大名鼎鼎的发明家，接二连三地接受主流媒体的采访。

并不是所有媒体都持乐观态度。有的担心无线电通信技术可能用在远程爆破方面。几名记者推测马可尼已经开发出了新式致命武器。更有奥利弗·洛奇等人，坚决不认可马可尼的"无线电报发明者"的头衔，而且采取措施进行澄清和正名工作。洛奇在1897年致信《泰晤士报》，用最绅士的方式表达了不满情绪。

> 好像很多人认定是马可尼先生发现了用布朗利粉末真空管接收赫兹波的无线电报技术。物理学家们都很清楚，而且公众也许愿意分享这一真相，那就是我本人在1894年就证明了相同的无线电波发射构想……

公众不太热衷他们的争议。洛奇的目的落空了。被英国媒体习惯性地称为"讨人喜欢的年轻英国绅士"的马可尼立即成为19世纪的名人，他的名字注定要和无线电的发明紧密相连。即使年轻的意大利天才不是真正的英国人，但他至少在长相和口音上有点像，而且詹姆森家族已经开始筹钱（詹姆森-戴维斯又是前锋），主要从家族酿酒业务相关联的那些人当中筹款。时隔不久，"无线电报与信号公司"（后改为马可尼电报公司）成立，创业资本金的价值相当于1000多万美元。

[①] 1888年8月7日到11月9日间，以残忍手法连续杀害至少5名妓女的凶手代称。犯案期间，凶手多次写信至相关单位挑衅，却始终未落入法网。其大胆的犯案手法，经媒体一再渲染而引起当时英国社会的恐慌。至今他依然是欧美最恶名昭彰的杀手之一。

早期阶段的无线电报能把信息发送到几千米外，每分钟发出15个单词，其效率不及有线电报。马可尼一点一点地扩大发报距离，从原来的几千米发展到能够跨越英吉利海峡。他的才能在电报天线的研制工作中得到发挥，首先尝试的是接地天线（与避雷针类似），接着用风筝或气球把天线升到空中，最后想到使用定向式天线的主意。这种发射天线需要几百米的占地面积。马可尼一定了解富兰克林以及早年北美殖民地时期的电学实验，我们也相信他受到其很大的影响。

当时的媒体积极报道无线电报技术的每一步进展，而各家电报公司虽然热情不高，却也在密切关注着。新技术可能使电报公司的股票市值缩水，有线电报网络面临着被淘汰的风险，所以，这些电报公司对无线电技术展开反击，雇请一些专家公开质疑新技术的可行性和实用性。

不管怎样，新时代已经到来了。1897年，有人预测过空间电报新技术的出现。威廉·爱德华·埃尔顿（William Edward Ayrton）教授在前帝国研究院（Imperial Institute）演讲时指出：

> 介绍过以前和现在的情况后，未来会发生什么呢？毫无疑问的是，总有一天，你我将被人遗忘，铜导线、绝缘胶片和铁护套构成的电缆将成为古董店里的展品。在将来，如果有人想给朋友发电报，他将找不到电报局。他会用电磁语音进行呼叫，佩戴电磁耳朵的人能够清晰听到，而旁人却什么也听不到。他可能问"你在哪里"，对方的回答可能是"我在煤矿底下呢"或"正在翻越安第斯山"或"在太平洋中部"……

轮船最终成为测试无线电的理想平台。水上船只不仅需要无线电通信手段，而且现有的电报公司也不可能过来竞争。有线电报网已经遍布欧洲和北美大陆，但是马可尼发明的电报系统是可移动式的，彻底摆脱了复杂线网的束缚。

1898年，马可尼在一条游艇上安装发射天线和无线电通信设备，给一家报社发回了帆船比赛的消息。对马可尼和报社而言，无线电的这次成功应用起到了很好的宣传效果。"皇家游艇酒店"和维多利亚女王的庄园里先后安装了无线电设备，给马可尼带来更好的露脸机会。任何赞誉都比不上年迈女王陛下对无线电报的认可。此后，马可尼将成为车载电话的发明人。无线电报系统被安装在巨大的蒸汽动力汽车上，车顶部架着壮观的约5.03米的发射天线。

1901年，马可尼在距离近321.87千米的怀特岛和康沃尔郡之间发报成功，证明了无线电波随着地表的曲面传播的特性。1902年，以大容量电池组为基础，马可尼用莫尔斯码把字母"S"的信号从英格兰发射到纽芬兰。无线电波首次成功飞越了大西洋。

军方当然不会忽略无线电通信的便携性特点，它和信号的传输距离同样重要。19世纪的海军舰船使用的是旗语可视信号，无法实现远程通信，限制了机动性。1904年的日俄战争期间，战场上首次使用了无线电技术。俄国人在战略上对无线电通信准备不足，遭受了灾难性的后果。虽然购买了马可尼的电报系统，以方便同前哨阵地联络，但是一位西伯利亚的东正教牧师坚持要用圣水给机器祝福祈愿，一支部队差一点被消灭掉。

无线电报已非常深入人心，也是马可尼等人展望未来无线通信创新和应用的绝佳样板。无线电报技术的核心是"点对点"式通信，只能给特定的接收机发射信号。正如国际商业机器公司（IBM）的高管们不会一开始就能想象到家用计算机的出现一样，为拥有接收机的任何人发送无线电信号的"广播"概念（借用农业上大面积播撒种子的术语），还仅仅是早期的朦胧设想。1899年，有一期《麦克卢尔杂志》（*McClure's Magazine*）①采访马可尼的团队，一名工程师在报道中谈到了无线电技术的未来发展：

> "……任何两个人都可以进行私下交流，不必担心别人偷听，"他说，"发报机和接收机有无数可能的对应频率，我们整个电话系统的地位很可能受到威胁。再补充一点，所有的报纸也有可能……所有订报的客户家里都能自动打印出纸带，上面的内容来自新闻发布站点的发报机，订阅用户只要把自己的接收机调谐到同一频率，便可以收到信号。他们只要瞄一眼纸带，就可以知道世界各地发生的大事了"。

有一些人不欢迎无线电技术。空间距离感的消失速度在加快。一个人的一生中会经历巨大的变迁，原来是短程的电报网络，很快发展到远程无线电通信。20世纪之初的人们用功率越来越大的发动机驱动铁路机车和轮船等越来越大的物体，而20世纪之末却征服了最小的东西——不到百万分之一克的电子。

1906年，《纽约时报》登出一条标题为"巨大成功，令人畏惧"的报道。"现

---

① 所谓"扒粪记者或扒粪运动"（muckraker），也称黑幕揭发记者或运动，是指美国19世纪末20世纪初掀起的一股新闻报道浪潮，一些记者和报刊致力于深入调查报道黑幕，揭发丑闻，对社会阴暗面进行揭示，《麦克卢尔》便是代表性刊物之一，还有《世界主义者》（*Cosmopolitan*）和《柯里尔》（*Collier's*）。

在出现了非常可怕的消息……无线电话的研究已经获得成功,科学家宣布新时代即将到来:人们不用任何导线就能和身处世界任何地方的朋友通话。"报道让人觉得导线似乎是人类相互联系的重要纽带。

赫兹去世的前几年,曾在一次学术报告中对观众说:"(电)已经成为势力强大的王国。从前我们无法证明电的存在,现在从很多方面有了认知……电学领域涵盖了整个自然界"。

十二
大众营销奇迹

这本书是写给男孩子们的，别人也可以读一读。

——弗兰克·鲍姆（L.Frank Baum），

《万能钥匙：电的童话》

1905年11月25日，《美国科学人》杂志在封底登了一条不起眼的广告，发布者是"电子产品进口公司"（以下简称Electro公司），广告介绍的是"Telimco"牌无线电报设备。无线电技术可能令大多数读者着迷，但是这套装备却使用了公司名称的英文缩写形式，营销的效果不佳。"Telimco"是马可尼系统的简化版，适于无线电爱好者使用。广告声称它能满足爱好者所有的收发报要求，无线信号的发射距离可达约1.61千米。全套装备包括约2.54厘米规格的火花线圈、发报电键、粉末检波器、散屑器、"信号捕捉线"、4个干电池和收听信号的喇叭形装置，定价只有8.5美元（折合约200定值美元），可谓是物有所值的科技产品。诸如"梅西（Macy's）"和"金贝尔（Gimbels）"等百货公司开始销售这种设备。同时，其他的邮购企业，如"约翰逊-史密斯有限公司"，也会经销自己的无线电设备。

那则广告和"Telimco"名称的设计者是"哈克"·根斯巴克（Hugo "Huck" Gernsback），他1884年生于列支敦士登，原名雨果·根斯巴克尔。他初来美国时虽然年仅20岁，但是他有扎实的应用科学方面的教育背景，同时还有一颗不安分的心——欧洲那些古板沉闷的实验室和报告厅满足不了他的好奇心，对艰辛和单调乏味的科学研究工作更是没有耐性。

根斯巴克抱着淘金的目的，带着新设计的高功率干电池来

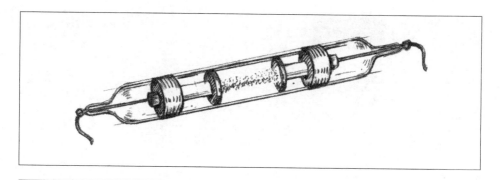

粉末检波器

到美国,很快说服"帕卡德(Packard)汽车公司"买下了他的电池专利权,并用这笔资金在曼哈顿下城开办了一家商店,满足那些渴求新技术的公众需求。这是一个不错的创业理念。

美国在进入新世纪的时候,中产阶级不断壮大,科学和技术对他们有着极大的吸引力,这一点和100年前欧洲贵族的表现是完全一样的。尽管向大众兜售新奇产品的不止根斯巴克一人,但他肯定是一个最惹眼的推销者。江湖骗子们为了兜售他们的医疗仪器和万能药,要使出很多千奇百怪的花招,而根斯巴克也利用同样的技巧吸引顾客。

有一个很流行的,也可能是根斯巴克本人散布出来的传说,纽约市警察局对涉嫌欺诈的Electro公司进行了调查。一套神奇的无线电收发报系统只卖8.5美元,怎么可能呢?根斯巴克和警方一同向公众保证那是千真万确的。无论是谁,无论在哪里,你确实可以享用到马可尼的神奇发明。

在世纪之交,一代人生活在一个远程电报和电话技术的世界,莱特兄弟已经在基蒂霍克(Kitty Hawk)把飞机开上天,虽然时间很短,但是意义非凡。尽管电灯没有成为所有美国家庭必备的东西,但也不再是什么新奇的照明设备。那些发明家,若非科学家,已经成了社会名人,他们自己的行事方法也是被社会奉为神明的爱迪生和莫尔斯等人所使用的方法。教科书和流行杂志都在介绍发明家们的励志故事,其着眼点更多放在发明者本人身上,而不是他们的具体贡献。

望子成龙的父母们给孩子们买来"Chemcraft"牌子的化学仪器,它们是"波特化学公司"的产品。这家公司也赞助"化学家俱乐部"的活动。面向年轻人的电学或科技方面的图书热销不止,其中有很多是为男孩子写的,都打算灌输发明创造的高尚理想。谁知道下一个爱迪生或莫尔斯会什么时候出现?这样的人注定将为世界奉献出奇异又实用的发明。

即使在根斯巴克的广告刊登之前，这位年轻的业余实验家早已做好了筹备。弗兰克·鲍姆以《绿野仙踪》（*Wizard of Oz*）闻名，他在1901年的《万能钥匙：电的童话》中，描述了青年主人公与电有关的冒险之旅，提到了各种造福人类的电气机关和小发明。鲍姆在序言中指出那本书的写作基础是"神秘的电世界和电学爱好者的乐观精神"。

现在，没有多少人记得《万能钥匙》这本书，但它却是涉及科技内容的一本精品之作。全书跨越两个世纪，既洋溢着20世纪初人们对电能的乐观憧憬，又不乏怀疑态度，但是那些怀疑者很快转变了立场。书中的一个情节提到主人公的父母为儿子的实验爱好发生温和的争执。

睿智的老先生说："电能一定会成为这个世界的动力。未来文明的发展将沿着电线进行。我们的孩子会成为伟大的发明家，他的伟大发明将震惊全世界"。

"可是同时，"母亲却绝望地说，"那些乱七八糟的电线会把我们电死，或者烧掉我们的房子，化学物的爆炸也可能要了我们的命"。

"一派胡言！"骄傲的父亲脱口而出，"罗布的蓄电池没那么厉害，电不死人的，也点不着房子。你就给那小子一个机会吧，贝琳达"。

这样的争论当然不同于自然科学的儒雅说教，那是上流社会在茶余饭后议论很久以前才公布的科学理论时应该使用的方式。不知道青年时代的法拉第会如何去写《哈珀写给男孩子的电学书》。约瑟夫·亚当斯（Joseph H. Adams）于1907年完成这本书。他在书中写道：

> 理论当然是很重要，更重要的是要掌握原理，然后再运用原理为自己创造成果……如果一个男孩能给家里做一个按钮机关，或者搭建自己的电话线或无线电设备，或者发挥才智让电带动母亲的缝纫机，还能做其他家务，那么他就学会了如何运用理论，而且一辈子也忘不掉。他即将走进的新世界将是科学的现代仙境，因为在使用电的过程中，他多了一项法宝，能够把威力强大的妖怪制服得俯首听命，使它变成最有用的仆人，为主人带来新鲜的乐趣。男孩也会锻炼他的动手能力，学到大量知识。

亚当斯说得没错，他在书中触及一些浅显的科学理论，把读者逐渐引到越来越难的科学题目当中，包括几种电池的制作。一个跨世纪男孩无法抵制追求科学技术的诱惑。在亚当斯的书中，制作电气装置就像探险活动一样值得一试，即使《金银岛》里的少年吉姆·霍金斯以及同样有冒险经历的哈克贝利·芬和汤姆·斯威夫特也不会错过。对于特定年纪的少年来说，他们的理想可能是老套传统的牛仔、海盗和探险家，当发明家也可能是日后的事业选择。

对发明创造着迷的不仅有青少年，还有不少成年人。美国有一批人想当发明家或设计师，但是他们在国内很难能找到欧洲先进的科技装备，只好因陋就简地开展工作。根斯巴克等人从欧洲进口产品，发挥着仪器供应商的角色。科研爱好者们以前只能从文字上了解马可尼等科学家，现在可以在自己家里挽起袖子做新技术的实践者。根斯巴克供应的一些产品用今天的标准衡量很有震撼性，比如自己动手（即DIY——do-it-yourself）装配的X光装置等。值得注意的是，根斯巴克的故事在1975年重演：新墨西哥州中部阿尔伯克基城的一家小公司MITS（微型仪器与遥测系统公司）推出"牵牛星（Altair）8800"系统，当时的邮购价格为＄395（折合约1 500定值美元）。这套系统出现在1975年1月份《大众电子》的封面上，被视为第一款"微型计算机"。产品的名称取自天鹰座最亮的那颗星星。"牵牛星"没有键盘、显示器或纸带阅读器，自称拥有256字节的巨大内存。设计者使用二进制机器语言编制的程序，机器的控制面板上安装着一些拨动开关和小指示灯。机器卖出几千台后，一名哈佛学生与MITS公司联系，主动提出要给机器编写代码，此人就是威廉·亨利·盖茨三世（William Henry Gates），朋友们都叫他"比尔·盖茨"。

不断发展的科普杂志是真正令根斯巴克出名的地方，也是他施展想象力的地方。为了推广Electro产品，他从产品目录入手，后来不断登载越来越长的文章。1908年，随着《大众电子》杂志的创办，他已经成为羽翼丰满的杂志发行人。该杂志在介绍众多Electro产品的同时，指导读者利用那些产品开展DIY活动。《大众电子》既是一本混杂着产品介绍的专业杂志，也是这位热衷科技的主办人的论坛，他发表的文章经常探讨如何制作家用电器、开展设计比赛以及评选"本月最佳专利"等内容。

与狭隘的主流媒体和晦涩的学术期刊相比，根斯巴克的文笔很棒，视野开阔，尽可能给出更多的技术细节。面向相同读者群的其他杂志在精彩程度上也无法与根斯巴克相比，他善于把激情融入文字当中。经过初期的成功之后，他又创办了一些杂志，包括全世界第一本科幻类杂志《神奇故事》。

虽然经常吹嘘奇幻绚丽的封面，但是根斯巴克却在内容上费尽苦心，重印凡尔纳等人的经典作品。他的思路很简单：要把杂志办成自己喜欢读的那种。通过《神奇故事》，人们把"科幻小说"一词归于根斯巴克的创造。

根斯巴克的名字不仅成为颁给科幻小说创作者的"雨果奖"，其本人也是不折不扣的科技发明爱好者，他的热情常常胜过他的科学智慧。最有名的发明是"隔离器"，能滤掉干扰、帮助人们专心思考的头盔样装置。他喜欢在办公室里戴

科幻文学题材之父雨果·根斯巴克通过给业余爱好者供应"Telimco"系统起步。这种小型无线电装置采用马可尼的技术，实验两节标准干电池作电源，发射距离有限。不久后，爱好者们开始改造原产品，通过提高电压、使用新型天线等手段提高电波发射距离

着那家伙。另一个奇异发明是"睡眠影像检定仪（hypnobioscope）"，据他说能帮助人们在睡眠中学习。根斯巴克一生拥有的专利超过80项。

根斯巴克预测未来技术发展的天才无人能及，有一些预测也惊人的准确。他设想过包括多级火箭和太空行走的太空飞行技术、雷达以及在1970年左右实现载人月球登陆——与"阿波罗2号"登月时间只相差一年。

根斯巴克为无线电爱好者开创了新时代，或者说推动了无线电的发展。美国有成千上万的爱好者开始建造自己的无线电设备，一开始依靠"Telimco"等产品，然后逐步加以改进。他们用收罗到的零部件制作功率愈发强大的发射机，动力来自车用电瓶、点火线圈甚至自制的电池。

许多无线电爱好者可以轻易窃听到海上的船只发出的无线电信号，也能偷听定期发到船上的新闻播报，或者与其他爱好者进行无线电联络。有的则像早期的黑客一般采取激进的做法，比如用自制设备长时间发射干扰电波（也称"砌

砖式发报")阻塞船只和通信社之间的无线电通信,或者播送虚假内容等。为了规范各类无线电通信,英格兰制定了《1905年无线电报管理法》,即使业余爱好者也需要许可证才能发报或做实验。此类法规没有在美国通过,原因是"美国马可尼公司"和其他持反对意见的无线电爱好者总能驳倒国会不时提出的法案。经常有穿戴齐整的小伙子应招证明自己的特殊爱好的正当性,或者陈述反对许可制度的种种理由。

1912年"泰坦尼克号"沉没事件使问题得以解决。由于无线电爱好者的虚假报告阻塞了正常通信工作,促使美国针对业余无线电活动实行最早的许可制度。"泰坦尼克号"沉没期间也成就了早期无线电领域的一段经久传奇。根据传说,1912年7月的某一天,设在纽约市"沃纳梅克(Wanmaker's)百货公司"的"马可尼电报站"的一名年轻报务员从无线电设备中收到一条7个英语单词的信息。电文发自"奥林匹克号"轮船,意思说"泰坦尼克号撞上冰山,正在快速下沉"。同样根据他本人的多次描述,为了接收不时更新的电报信号,他连续一整天不知疲倦地守在机器前。

那位传奇式的报务员就是大卫·萨诺夫(David Sarnoff),无线电广播的开拓者。萨诺夫早年当过报童,接着进入"商务有线电报公司"从事电报业务,最后加盟"美国马可尼公司"。他是被新技术吸引来的青年才俊之一,在无线电广播事业中扮演了关键角色,但是那段泰坦尼克的插曲很可能是萨诺夫凭空捏造的。在泰坦尼克号沉没前,他已经从普通的报务员一步步升到公司的管理层。此外,按照一些史学家的说法,沉船的日期是星期日,马可尼公司和那家商店都没有营业。故事的真假姑且不论,萨诺夫确实很早把握住了无线电技术的发展潜力。在一份很长的备忘录中,他主张在每个家庭推广使用"无线电音乐盒",通过收音机的销售收入支持节目的广播——即硬件销售维系软件开发费用的思路。"美国马可尼公司"被"通用电气公司"全盘收购后,更名为"美国无线电公司",萨诺夫的广播和"无线电音乐盒"的梦想得以实现。

即使根斯巴克向发烧友们大力推销产品时,电池动力的电报系统已经在技术上落后了。欧洲、美国以及其他地区的科学家在积极寻找笨重检波器的替代物。我们可以想象得到,早期无线电报的工作方式更像是带短导线的传统电报,报务员飞快地敲打出电文。实际情况却不然,即使拍发一条简单的信息,仍然还是耗时费力的过程。发报机需要强大的电力发射信号,以便让粉末检波器工作。强烈的电火花震耳欲聋,报务员必须携带耳塞,而且按键发报也很折磨人。如果要发出莫尔斯码里的"点"信号,发报人要按下电键5秒钟;"划"信号的按键时间要超过15秒。拍发很短的一个单词经常需要一分多钟。

粉末检波器和散屑器无疑需要改进。它们也确实改进了。就在根斯巴克及其无线电发烧友们兴致勃勃地把电波发往天空的时候，全世界的科学家都在独立研究更实用的检波器。

人们很早就发现电流作用下的矿石晶体具有特别的性质。19世纪初，卡尔·费迪南德·布劳恩（Karl Ferdinand Braun）发现某些晶体结构中的电流好像在一个方向上更容易通过，另一个方向则不然。晶体的特性无疑对无线电广播十分有用。1901年，贾格迪什·博斯在加尔各答的总统学院取得侦测无线电信号的触点式晶体整流器的专利。1906年夏，AT&T（美国电话电报公司）公司的美国工程师格林利夫·惠迪尔·皮卡德（Greenleaf Whittier Pickard）获得无线电信号接收方法的专利。该方法使用了点接触硅二极管。皮卡德以后通过"无线特种设备公司"继续推销晶体装置，使用晶体上安插的一根细导线拾取电磁波，摆脱了电池的限制。这家公司售卖的一种双晶体检波器叫"Perikon"——商标名取自"超级皮卡德接触器"的英文缩写。

皮卡德取得专利不到一年，美国陆军通信兵团的亨利·邓伍迪（Henry Harrison Chase Dunwoody）取得另一种无线电通信系统的专利，他使用的点接触检波器由金刚砂（碳化硅）制成。俄罗斯和日本也有人提出此类的专利。此外，与马可尼有密切工作关系的亨利·朗德（Henry Joseph Round）开始用晶体做实验，其结果出乎意料，也在科技史上留下了一笔。他把实验结果发表在一份行业期刊《电气世界》上（1907年2月）。

在一种碳化硅晶体的两点间施加10伏的电势后，晶体发出淡黄色光。在如此低的电压下，只有一两种样品能发出亮光，但是用110伏电压后，发现有很多晶体都会发光。有一些晶体只在两端发光，而另一些不发黄光，而是绿色、橙色或蓝色光。所有检测过程中，负极会闪光，正极出现蓝绿色的明亮火花。就单一晶体来说，如果用负极接触中央部分，而正极接触别的地方，只有一部分区域发光，无论正极接触到晶体任何地方，发光的都是同一处。

朗德无意间制成了第一个发光二极管（简称LED），是晶体管的一种。当电子穿过半导体材料时，释放的能量使LED发光。朗德只是发现了晶体管发光的有趣现象，多年后才出现更多的相关研究成果。

20世纪20年代，无线电技师和自学成才的科学家奥列格·洛谢夫（Oleg Losev）在俄罗斯独立发现了同样的现象。与朗德不同，洛谢夫继续研究晶体发

弗莱明发明的电子管

光的奇异特性,在1924—1939年间发表了10多篇相关论文,但是没有引起科学界的重视。在第二次世界大战时,谢里夫拒绝离开即将遭德军围困的圣彼德堡,于1942年饿死在城中,他的研究成果直到现在才得到承认。

真正的技术突破发生在英格兰的伦敦大学学院。约翰·弗莱明(John Ambrose Fleming)爵士提出了用改造的电灯泡侦测电波的新方法。经过他改进的灯泡能探测无线电信号,并将其转变成电流。他发明的是最早的真空管,多年来被普遍称为"电子管"。曾经在爱迪生手下工作的弗莱明在1904年获得真空管专利,并把制造任务交给"爱迪斯旺公司"。真空管虽然不够完善,但是也发挥了一定的作用。

美国发明家李·德弗雷斯特(Lee De Forest)对真空管进行改进,在弗莱明的原始设计上增添了能够放大信号的栅格。他把略加改进的弗莱明真空管叫作三极检波管或三极真空管。德弗雷斯特其实不具备进一步完善三极管性能的技术功底。后来通用电气的科学家和技术团队才完成了任务,实用可靠的真空管终于在1912年出现。

早在1900年,雷金纳德·费森登(Reginald Fessenden)通过无线方式成功传送声音信号,在技术上领先了那些使用电键的无线电业余爱好者。14岁就大学毕业的费森登堪称神童,却不是那种和蔼可亲的天才,而是一个自大傲慢、脾气急躁和缺乏耐心的人。他担任过教师,又以化学家的身份(尽管可信度不足)设法与爱迪生交往了很长时间,之后离开爱迪生的研究团队,在普渡大学(Purdue)谋到职位,最后来到波托马可河(Potomac)科布岛(Cobb Island)上的一处偏远研究站落脚。那里从美国气象局得到的经费非常有限。

费森登(爱迪生给他的昵称是"费西")使用收集到的零散部件组装无线电,包括爱迪生留声机上的废旧蜡筒。他想把传统无线电报的脉冲信号延伸成连续的电波,而这种电波可以由声波调适。为了能接收到电波,他重新设计了一种检波器,并命名为"液态镇流器"。这是一种革命性的元器件,构成部分包括浸入酸溶液的细铂丝,能够接收连续信号,而且不像粉末检波器那样必须通过敲击来重置金属屑。

费森登的首次语音传输只有约1.61千米。信号虽然失真,至少在原则上是成功的。他继续研究,努力改善设备性能。1906年12月初,他用莫尔斯码发报,宣布将在圣诞前夜进行首次语音无线电传输。几周后的圣诞节前夕,费森登在晚上9点左右在发报机上把一条信息——"CQ"(即seek you,意为"找你",无线电爱好者相互联系前的呼叫信号)发给任何可能收听他从马萨诸塞州的布兰特洛克(Brant Rock)城播出的语言信号。海上的几艘船发报回应后,他对着话筒进行了解释,说他要测试语音广播系统的工作状况,然后拿起小提琴拉了一曲《平安夜》,读了一节《圣经》经文,音乐和语音随之被发射到空中。

通用电气和AT&T公司的代表就站在旁边目睹了广播过程。演示过程给亲历者留下了深刻印象,但是两家公司对这一创意的兴趣不高,都没有投资意向。新技术虽然给人深刻的印象,但离商业应用却还有一段距离。几年后,真空管能胜任声波信号的发送和接收工作,收音机才真正具备了实用性。然而,费森登毕竟为无线电广播的概念提供了有价值的证据。

无线电技术能够进入一些见不得光的行业是不足为奇的——甚至魔术师哈利·霍迪尼(Harry Houdini)也受到启示,在1923年为《大众无线电》杂志撰文,揭露了那些巫师如何利用无线电骗人。

"过去几年间,无线电极大促进了所谓的'招魂生意',"霍迪尼写道,"我们刚刚认识无线电技术,而很多巫师已经从新技术中捞取了好处"。

有趣的是,霍迪尼对无线电技术的了解基本上不准确。在分析"会说话的茶壶"或神奇塑像的原理时,他描述的并不是真正的无线电发射,而是经由感应现象实现的一种信号发射形式。那些"发射"源自线圈的电磁场,而不是电磁波的爆发,也只能在近距离内收到信号。法拉第首先在19世纪30年代发现的感应现象被称为"远距离电流",但他没有使其得到商业应用。1887年前后,爱迪生使用感应线圈发出过这种接近无线电报的信号,却放弃了商业推广的计划。

一些唯心论者也宣称无线电波是和阴间沟通的渠道。前文提到的洛奇教授曾委婉地否认马可尼是"无线电报的发明者",后来又放下架子研究起通灵术及其与无线电波的联系。然而,多数欺诈之徒的本领要老道得多。例如,德弗雷斯特在极度缺乏研究经费之际,被股票发起人引诱到华尔街,他们需要利用他的名望和信誉发行股票,而当时的证券市场已经出现了问题。德弗雷斯特一度发现自己处于无法脱身的境地,曼哈顿中心有一家酒店,其顶层的一间玻璃实验室实际成了他的囚笼。

第一次世界大战期间,包括费森登的发明在内的无线电传声装置没有得到广泛应用,而马可尼的无线电报却发挥了极其重要的作用。第一次世界大战是第一场真正意义上的"现代战争"，交战双方都配置了无线电收发报机器，用于调动部队、及时获悉战场动态和保证军需供应的高效率。依照今天的标准，大多数当时使用的"便携性"无线电装置的体积庞大。有一些设备重达约27.22千克，还需要配备硕大的发射天线。第一次世界大战时所说的便携性装备意味着它们能打包运走，便于骡马驮运或用弹药车拖拉，而不是单手就能拿走。有的通信设备配备手摇式发电机，但是多数仍然使用一大堆干电池或液体电池组。

尽管无线电在第一次世界大战时尚处于比较原始的状态，但在战场和空中的表现却优于电话通信。正如《大众机械》杂志在1915年春的报道中所讲的一样，无线电报发出的编码信息在协调部队行动和定位攻击目标方面起到了关键作用。

> 各个交战国的首要任务是用无线电填补通信电缆被切断后留下的空白。然而，后来发生的一些事件证明，那只是微不足道的一部分。绵延几百千米长的激战正酣的前线，在茫茫大海上虎视眈眈地游弋着的军舰，天上盘旋着的飞机和齐柏林飞艇，甚至在深水里搜寻着猎物的神秘的潜艇，无一不在无线电报隐形之手的掌控之下。

按照杂志的报道所述，法国和比利时的飞机装备着数十千克重的无线电，能在约80.47千米范围内发射和接收到信号。

这的确是令人振奋的消息。战争双方的军队和谍报人员都在使用无线电，而那些从《电气实验》《大众机械》和《大众科学》等杂志上看到有关无线电技术的精彩文章的业余爱好者们也大呼过瘾。战争需求使无线电产业的发展得到推进，生产厂商数量在增加，更多的工程技术人员和科学家被吸引到无线电领域。

十三

下一步的设想

科学家不会冒不必要的风险！他们对一切都不会想当然。夸夸其谈和误导性的言论则全然无人理会！

——伯吉斯电池的杂志广告语，约1930年

电池及电池动力装备在战场上得到越来越多的应用，无论是企业界还是军方都注意到了这一点。可惜的是，很少出现电池的规范标准。6号电池是最常见的一种，大概因其竖直高度为6英寸（约15.24厘米），所以成了当时少数的标准电池之一。其他种类的电池标准不一，大多是小工厂为专用设备特制的，经常靠手工制造。

早在1912年，就有人探讨过电池标准化的问题，可是直到1917年才出现重大转机。美国国家标准局（现在的"国家标准与技术研究所"）会同电池企业和军界代表以及其他政府部门，打算共同制定一套电池的技术规范。规范的核心是规定电池规格和最小性能标准。他们还需要规范各类电池名称，最终采用了容易记住的字母顺序命名法。广为人知的6号电池是个例外，也称为无线电电池。

第一次世界大战结束后的1919年，制定出来的标准正式公布，使电池产业首次得到规范。玩具和电器制造商现在可以依照具体型号和电压等参数设计自己的产品。消费者也能够放心购买电器产品，之后可以方便地更换电池。

电池型号尺寸的规范过程持续了多年，增添了更多规格（比如AAA型电池），但是现在规格和性能方面都有了非常明确的标准。当然，不正规的产品也时有出现，有的无线电厂商为

了承装特殊规格电池,设计出柜式收音机专用的电池盒。

20世纪20年代末至30年代初,消费类电子产品得到大力发展,而那些发光领结和闪光手杖之类的新奇玩意早已过时,甚至家用电器中最普通的手电筒也已升级。人们能够买到装饰着精美雕花而且能放在口袋里的纯银电筒,或者装有内置灯泡的女用化妆盒。觉得奇怪吗?那个时代的风气就是如此,黄金做的打火机和香烟盒之类的小物件——甚至小巧的扁平酒瓶,都是富人的常备之物。

随着标准的制定,各家公司的竞争性和创造性得到调动。他们的问题是如何开展竞争?如何卖出标准化的产品?诀窍是抓住人们的恐惧心理。"永备电池公司"的一则早期广告标题十分震撼:**"我给生病的孩子倒了一剂致命毒药!"**广告通过图文形式继续叙述一位长岛的主妇本应倒出一剂止咳药,却意外地在黑暗的家里倒出一勺有毒的消毒剂。等到她用手电筒查看瓶子后才发现自己的错误。故事结尾时她说:"现在我给你们写信致谢,因为我们夫妻有了新出产的'永备'牌电池,孩子才没有丧命,难道不是奇迹吗?"

另一条"永备电池公司"广告宣传的是Daylo牌电筒:一名消防员追赶一对年轻夫妇,"你们早该使用Daylo电筒",而背景中这对夫妇家里正冒出黑烟。

几乎在同时,"伯吉斯电池公司"为了推销产品,采用更科学的方式打广告,"南极没有便利店,伯德探险队不会去冒险,"广告进一步解释道,"科学家不会冒任何不必要的风险"。还有什么电池能比科学家证实过得更可信呢?实际上,公司的创始人查尔斯·伯吉斯(Charles Burgess)本人就是科学家,他创建了威斯康星大学的化学系,也为Ray-O-Vac(雷特威)公司的成功贡献了力量。这也许是为什么布朗博士(Doc Brown)在《回到未来III》中选用伯吉斯6号干电池作为步话机的电源,他和主人公马蒂·麦克弗莱的通信工具正是步话机。

经过改进的电器产品也变得易于携带,至少一些小众产品做到了。比如,人们能买到电子助听器。即使早期的助听器,例如20世纪20年代生产的"Acousticon 28型",虽然使用电池作电源,其体积也有台式收音机那么大。"侦听产品公司"除了制造助听器外,也生产办公用对讲机,还有最早的一种窃听装置——侦听器,都使用电池电源。使用助听器时应该将其放在桌子上,接收器用金属带挂在耳朵上。助听器的便携性只是体现在一个把手上而已。

20世纪30年代,Ray-O-Vac公司宣称发明了最早可佩戴的助听器,其他厂商也制造出不用真空管的便携式电子窃听装置,尽管失真严重,却能起到信号放大作用。这些装置在便携性上达不到今天的要求,但正是由于真空管的出现,它们才具有了实用性。真空管需要3~4伏电力启动,而电池的体积不小,所以要装在使用者胳膊下"枪套"似的家伙里，或者用布带绑在腿上。

　　甚至收音机也出现了或多或少的便携性。一开始的时候，"便携性"不一定表明运输的简便性。20世纪20年代，加利福尼亚的一家公司"坎伯无线电实验室"，制造出最新型的便携式收音机，其中主打品牌K-5-2型的5个真空管需要10节电池才能带动，整机重量超过约9千克。同样被视为便携式的还有"美国无线电公司"推出的P-31型RCA Victor收音机，大小和小手提箱差不多，整机重量有近19千克。收音机能装在结实的箱子里，一只手就能拎走，的确轻便了很多，这就是便携式收音机在当时的真正意义。

十四

消除家里的距离感

经常有人问我无线电的原理。其实有线电报就像一只超长的猫。你在纽约猛拉一把猫尾巴，它会在洛杉矶喵喵叫。明白了吗？那么无线电也完全一样，就是那只猫没有了。

——阿尔伯特·爱因斯坦

第一次世界大战刚过去几年，真空管技术的发展正步入佳境，即使不够完善，也比战前有了显著进步。此外，通用电气、西屋电气和美国无线电公司等企业都在为研究项目和市场合作协议投入资金。无线电爱好者仍然在阁楼和车库里活动，继续热衷于制作各种广播节目。他们在无线电试验方面起步很早，不久又过渡到近似于固定模式的广播节目。最早开始提供体育比赛实况报道的业余广播者不止一人，有的播出从电话里听来的消息，有的朗读报纸上的每日新闻，还有的干脆播放自家收藏的录音内容。

位于匹兹堡的西屋电气公司的工程师弗兰克·康拉德（Frank Conrad）便是这样一位无线电爱好者。康拉德厌倦了只能收听信号的家用设备，开始自己制作发射机并在宾夕法尼亚州威尔金斯堡的家中发射信号。1916年，他开始广播新闻和其他自己感兴趣的内容，最后又在节目单上增添了音乐节目。自己的唱片资源枯竭后，他开始与当地的音乐用品店合作，交换条件是要在电波中提到店家名号。

短时间内，康拉德收到很多来信，其中有广播发烧友的支持，也有对广播节目的建议。"西屋电气"当时忙着生产自己的无线电设备，而康拉德的上司们也都注意到了那些大受欢迎的广播节目。他们很快计划开办首家商业无线电台,主要用作销售收音机的营销工具。KDKA电台于1920年11月2日在匹兹堡成立并开播节目。但它是第一家商业电台吗?某些无线电专家把这一殊荣给了另一家较小的WWJ电台,由《底特律新闻报》创办,1920年8月份开始播出。

突然间,收音机里真的有东西可听了。萨诺夫那貌似异想天开的"无线音乐盒"设想很快在1921年变成了现实。在发展速度上,专业化电台已经赶上甚至可能超越了电报业。几年内,美国出现了几百家商业电台,登堂入室的收音机变成家庭"必备"的物件,取代钢琴成为一家人首要的娱乐设施。1922年2月,美国首位在行驶的汽车上发表就职演说的总统沃伦·哈丁(Warren G. Harding)在白宫安装了一台收音机。

收音机不仅代表着新技术,而且也是新的娱乐方式,广播节目不断得到从业者的改进和完善。有人发现管弦乐队在帐篷内的演奏效果更好之后,各家广播电台便在演播室里搭起特殊的帐篷。1921年4月,阿灵顿国家公墓的无名战士墓举行纪念活动之际,纽约麦迪逊广场花园和旧金山大礼堂的听众们能一起收听广播讲话。

电池产业早些时候就火起来了。在威斯康星州的麦迪逊城创办的"法国电池公司",即后来的Ray-O-Vac公司,开始销售"Ray-O-Spark"牌汽车用干电池,其业务又扩大到Ray-O-Vac牌D型电池,而Ray-O-Vac品牌则是来自该公司产的手电筒的诙谐叫法。这家公司在1920年前一直在销售Ray-O-Vac牌系列无线电专用电池(使用真空管的无线电),公司的卡通吉祥物——Ray-O-Lite先生起到了很大作用。

无线电设备显然不再是爱好者们的法宝,多家企业采用和汽车业相同的流水线工艺进行大批量生产。1922年,收音机、电池和其他部件的销售额高达6 000万美元,然而到了1929年,这一数字提高了1 400%,超过8亿美元。无线电一时间成了大生意。华尔街当然不会错过机会,所以"无线电"或"广播"之类的字眼就像20世纪90年代的".com"一样变成竞相追逐的热门。

一家公司只要和无线电或广播沾上一点边,就能让股价飞涨,也能吸引到投资人。1928年,RCA公司股价的最低点为85,到了股市泡沫鼎盛的1929年,股价高点超过549。当然好景不长,到1929年10月底,新技术热潮随着股市崩盘也都差不多完结了。

早期收音机很少有统一的样式。设计者们好像在纠结于一些最基本的问题:收音机应该是什么样的?外形必须迎合功能,还是满足别的需求呢?消费者最喜欢哪种"用户界面(调谐旋钮和刻度盘)"?一些早期的收音机看上去像中规中矩的实验设备或工业装备,有的则安装在抛光过的木匣里,像一件精工细作的家具。内部那些元件及其功能该怎么办? 是封在"黑箱"里秘不示人还是公开展示呢? 一台机器究竟卖多少钱合适?

20世纪20年代初,RCA和西屋合作生产的"Radiola Grand"牌收音机安装了镀金的调谐刻度盘,每台售价超过300美元(大约相当于现在的3 000美元),而那些小厂制造的各种收音机则大多没人记得,如"A.H.Grebe公司""美国汽车无线电制造公司"以及"Hi-Mu无线电实验室"等。如果大机型的真空管收音机标价太高,精打细算的消费者可能会买一台便宜的"矿石收音机",通过方铅晶体检波器上的"猫须"试试运气,听节目时则要戴着耳机才行。

诸如Ray-O-Vac和Eveready(即全美碳业公司)等企业进入无线电行业时推出自己的产品,采用了和进入电筒行业相同的模式。Eveready又向前迈进了一步,出资赞助一档"永备一小时"的综艺节目,参加过的嘉宾包括喜剧电影明星艾迪·坎托(Eddie Cantor)和威尔·罗杰斯(Will Rogers)。

脱胎于电池业的菲尔柯公司(Philco)顽强地生存了下来,其名称是"费城蓄电池公司"的英文词头缩写,创建于19世纪80年代,一开始为弧光灯供应电池,接着为电动汽车生产电池,之后改做无线电电池,最后生产家用电器。

绝大多数早期收音机都使用电池电源。那些大城市以外的多数美国家庭仍然没有电力供应,所以使用电池就很正常了。私人企业在人烟稀少区域架设电网的获利预期很低。因此,生产出来的收音机都是使用电池的,很多消费者开始把汽车和农机上笨重的铅酸蓄电池用在早期的收音机上。那些无线电装置需要的不仅是1部,而是3部电池。后来减少到2部,称作A电池(输出1.5伏电压)和B电池(功率更大,给真空管提供9伏以上的电压)。电池厂商自然乐于维持当时的局面,可是他们作为收音机电源供应商的日子是屈指可数的。

交流电之所以能降低电压、使电脉冲平稳,是线路中加装了变压器和滤波器的缘故。因此B电池就可以不用了。去除A电池意味着加装一个新的真空管,其实际功能是把脉冲式的交流电转化成稳定的直流电。早在1926年,制造商就开始生产可以接通家用交流电的收音机。

然而,很多地区依然流行使用电池型的收音机。比如美国乡村地区的家庭没有中央燃气管道或输电线,他们只好在煤油灯下听收音机。到了1935年,每9户农业家庭中只有1户通上了电,但是许多家庭却通过收音机收听到了罗斯福总统的炉边谈话和农场情报。

随着广播电台和家用收音机的数量成倍增长,新闻以更快的速度传播至各家各户,普通消费者开始感受到空间距离在缩短。公众以前需要好几天或几个星期获悉世界大事,现在几乎可以立刻从广播中收听到。

一派繁荣景象的20世纪20年代正在蒸蒸日上之际,包括威廉·伦道夫·赫斯特(William Randolph Hearst)和《洛杉矶时报》在内的报业集团以及传媒业巨头们向无线电广播投入巨资,力争在新媒体中谋得一席之地。让人意想不到的是,一些更不靠谱的人也跻身广播业。活动在洛杉矶的信仰疗疾师、修女艾梅·麦弗逊(Aimee Semple McPherson)通过电话提供多年的祈祷服务——相当于早期的危机热线,又主动从电影业借鉴来表演技巧,同时积极采用新技术。她可以把几千人召集到洛杉矶银湖区的安吉利斯主教堂(Angelus Temple)聆听布道,而通过收音机则能同时向几万人传递福音。麦弗逊修女是获得联邦通信委员会广播执照的首位女性,自己开办的KFSG电台于1924年正式开播,这也是美国第一家宗教类广播电台。越来越多的人相继开通宗教广播,通过电波提供精神救赎、信仰疗法和理财建议等服务,他们的收入来源是受助者的小额捐赠。

正当广播业快速成型的时候,新一代的发明家也走向成熟。在根斯巴克的杂志和其他刊物的感召下,年轻的发明者、工程师和科学家们开始显露头角。1900年出生的塞缪尔·鲁本(Samuel Ruben)就是值得纪念的一位发明家,他在电池设计上发挥着辅助作用。在其自传《必然性之子:独立发明家的回忆录》(1990)一书中,鲁本回忆起童年时如何利用废旧材料搞发明的经历。

> 我要做各种实验,准备所需材料自然成了棘手的问题。我主要在家庭丢弃的废品中收集那些可再度使用的材料,比如"桂格燕麦片"的涂蜡纸箱可以制作调谐线圈。如果没有附近一位废品旧货店老板的好心帮助,我不可能做成什么。只要花上一点钱,那位意大利老板就会大方地转让我想要的东西。我从亲戚们给我的压岁钱节省出零钱,买到了纱包铜磁线和粗一些的裸铜线。他后来问起那些破烂的用处,我回答说在制作无线电报机。他那扬起的脸上露出意大利人特有的自豪神情,叫道:"啊!马可尼!"之后,他便送给我一些不起眼的物件,并时常打听无线电实验的情况。

鲁本提到的童年经历发生在20世纪初,感人的描述体现了创造性和坚定性。他接受的正规教育虽然只有高中水平,但通过实践和读书掌握了当时复杂的无线电技术。人生即将走向终点之际,鲁本念念不忘阅读法拉第著作给他带来的影响。"如果不是14岁时接触了这样一个伟人和他的非凡思想,我不可能弄出什么名堂。"他写道。

鲁本回忆起Electro公司和根斯巴克编辑的出版物也充满感情。"在1914年晚些时候，我又看到一家杂志举办竞赛的通告，内容是关于无线电和其他电气装备业余设计比赛。"鲁本回忆道。

　　杂志是Electro公司出版的，编者名叫雨果·根斯巴克。公司在西富尔顿大街开了一家商店，出售整套的收发报机器，也给业余爱好者准备各种零部件。参赛者要设计一款便携式光学信号装置，获奖者能获赠为期一年的杂志。我提交了设计草图：木制的照相机三脚架上支起一块木板，上面架设一只手电筒，电筒开关与发报机电键相连。我的方案真的获奖了，杂志刊登了设计图和详细的说明。

　　鲁本一生中取得300多项发明专利，却因为自己的第一个发明得到过根斯巴克的奖励和赞誉而得意地念念不忘，这是很难得的。

　　鲁本有一项发明——"点滴式充电器"，能利用民用电流为电池连续充电；他又在1926年为售后服务市场推出"电池代用器"，能使收音机插接到墙上的电源插座里。不断扩展的电力网逐渐在全美国普及，曾经是消费类科技产品主要电源的电池变得落伍了。最后，电池式收音机竟然得到一个很丢人的绰号——"土老帽收音机"。

　　20世纪50年代，鲁本继续研究碱性锰电池，柯达系列的一次性相机使用的就是新型AAA碱锰电池。鲁本和爱迪生不同，他是新一代发明家，不愿意自己制造或销售产品。大家都说他根本无心建立由众多工厂和机构组成的爱迪生式商业帝国。相反，他把自己的发明成果授权给那些基础完备的企业，让他们去做产品营销。

　　菲利普·罗杰斯·马洛里（Philip Rogers Mallory）创办的P.R.Mallory公司便是其中一家，主要制造电灯泡专用的钨丝和几款电气开关。马洛里家族的航运公司经营着沿海航线，其历史可追溯到19世纪60年代。身为继承人的马洛里为了从事科学技术，尤其是电气技术事业，逐渐当起了家族生意的甩手掌柜。对于寻觅生意伙伴的鲁本而言，马洛里可以算得上是最理想的人选。马洛里虽然有商人功利性的一面，但更喜欢和发明家打交道。与当时及现在的众多科技企业不同，他不反对鲁本的套路，愿意把产品的研发工作外包出去。

　　马洛里公司最终彻底转行至电池领域。马洛里死后，公司几经转手，先后有达特工业公司（Dart Industries）、卡夫食品公司（Fraft Foods）和华尔街的投资客，最后被吉列公司（Gillette）收购，期间改名为金霸王电池公司（Duracell）。

十五

无尽的前线

> 一张金属的蜘蛛网，密封在薄薄的玻璃容器内，加热的金属丝发出耀眼光芒，总之，这就是收音机里的热离子管……蛛丝般的部件，精准的布放和调校，手艺高超的技师需要几个月才能完成这些任务；现在只用30%的时间就可完成。现在是物美价廉的复杂装置主宰的时代；注定会有奇迹发生。
>
> ——万尼瓦尔·布什（Vannevar Bush），
> 美国科学研究与发展局局长

轰炸机从装配线上隆隆起飞，完成命名仪式的战舰轰然下水，这是对第二次世界大战时一心想发战争财的美国形象的讽刺。战时的工业繁荣令美国人得意，媒体也在大肆宣传。国内生产一线的激情报道和遥远欧洲以及亚洲战场的消息同样叫人应接不暇、热闹非凡。特色鲜明的美国制造业形象被多角度勾画出来。各类新闻专题片中最有代表性的是诺尔曼·洛克威尔（Norman Rockwell）1943年在《星期六晚邮报》为铆焊工罗茜（Rosie）所做的封面报道。新闻图片中的罗茜把防护面罩翻到头顶，面罩泛着光晕；她的脚自然地踩着一本撕碎的《我的奋斗》，传递出来的意思明确丝毫不会引起歧义。

在大众眼中，美国巨大的制造能力——体量和速度，与其军事优势和必胜信念紧密相关。"所以美国人的打仗方式一定同他们的生活方式一样……大型工商企业支持着国家出兵作战，虽然代价不菲，但最后的胜利一定属于美国。原因就是实力强大、不怕消耗，只要耐心等待就可以了。"剑桥大学教授布罗根（D. W. Brogan）在1944年5月的《哈珀杂志》上撰文指出。

人们不太了解的是美国在科学技术方面同步进行的战争计划，而且一点也不低调。"曼哈顿计划"当然会出现在新闻报道中，但是别的研究活动却鲜为人知。麻省理工学院的"辐射实验室（Rad Lab）"致力于尖端科学研究项目，曾努力改进英国人发明的"无线电探测与定位系统"（简称雷达系统），到第二次世界大战结束时，共有3 000名工程技术人员在那里工作，研制出近百套雷达系统。

很多大学教授、工程专业的一流大学生和研究生以及多才的业余爱好者，都被征召进来。战争期间，"贝尔实验室"一度雇用近千名科研技术人员专为军事工程工作。在毗邻总部的地方如果突然冒出来许多临时性的活动房屋或者匆忙搭建起来的木制建筑，那是很正常的事情。大部分工作都是秘密进行的，记者的镜头绝对捕捉不到。遗憾的是，这位明星级的铆焊工罗茜的待遇比不上实验室里的那群人，他们在埋头研制新一代的武器装备。直至战争结束，随着一些书籍和杂志开始登出相关内容，庞大的战时科研计划的全景才得以浮现出来。除了大型的兵器系统，第二次世界大战也是便携式精密装备比拼的战场，而多数装备都离不开电池。

这场军工领域的科技进步浪潮中最有趣的产品是"近炸引信"。这项技术的研发工作在保密级别和人力投入上仅次于"曼哈顿计划"，但是除了军史爱好者外，当今的多数人不会记得这一点。事实上，战争期间被列为绝密级的近炸引信努力要挑战技术的极限，该项目需要的科研技术人员分散在近10家科研机构，而发挥核心作用的是约翰·霍普金斯大学的"应用物理实验室"。英国科学家在1939年开始研究这种引信，美国战时国防研究委员会及其科学研究与发展部开始从1940年启动研究计划，后来发展成多方参与的大工程，包括军方、平民政府以及私营实体。

从理论上讲，立足于成熟技术的近炸引信原理很容易被人理解：如果碎片杀伤型炸弹能靠近目标爆炸（比方说在约30.48米内），那么它的作战效果就优于抛射型或传统型炸弹，而后者都需要直接命中才有杀伤效果。二者比较起来就像散弹枪与步枪之间的差异一样明显。此外，由于飞机在两次世界大战的几年间已经在速度和续航能力上大有提高，即使仅仅为了加强防空火力的目的，这种新型引信也是非常必要的。

人们需要的是携带电子系统的抛射武器，而无线电技术就是开门的钥匙。基本思路是由一部小型发射器向飞机发射无线电波，另一部接收器拾取从飞机上反射回来的信号，接着再引爆炸弹。如果设计合理，这种武器甚至能把飞往伦敦的德国V型火箭弹炸毁在天上。

原理虽然简单，可是具体的设计参数则不然。在满足安全性的条件下，技术人员很容易造出状态理想的小型试验模型。而经过实地检验发现,引信必须要克服强大的作用力——差不多有2万单位的重力作用,首先是炮弹发射时的作用力,然后是穿越大气时,炮弹自身旋转产生的更大离心力。诚然,没有哪种电器是为应对那种苛刻条件而设计的。另外,整套系统必须足够小巧,以便在标准型高射炮弹的顶端安装,所以要尽量突破小型化的"瓶颈"。

设计团队为了达到要求,设计出超小型真空管,只比铅笔上的橡皮擦稍大一点点。人们很早就发现原来的标准接线方式行不通。适合家用收音机的接线和其他部件用在高射炮弹上就显得太大了。

技术人员对电路板或印刷电路的设计思路进行改进,从而解决了问题。在美国避难的德国人保罗·艾斯勒(Paul Eisler)于20世纪30年代设计出电路板,这种方法使用导电线圈替代导线在不同电子元件之间建立连接。虽然有人做过类似的研究,试图简化电话和电报转接站里凌乱的接线状况,减少无线电设备在工厂装配时出现的布线错误,但是艾斯勒把电路板技术推到了前沿。

接着是电池的问题。引信的电池必须能保证几秒钟的可靠性,而且能在不损失电量的情况下存放好几年。"全美碳业公司"推出了电池发展史上最了不起的设计,这种电池很像微缩的伏打电堆,一个个叠放的小金属片中间却是空的,里面是容纳电解液的安瓿瓶。炮弹发射时使玻璃瓶碎裂,而炮弹飞行时的旋转力能使液体均匀分布,从而在中途激活电池。从工程技术角度看,这是一个很棒的办法,既达到了苛刻的设计参数要求,又兼顾了电池的性能。

事实上,这也不是全新的设计概念。类似的技术方案曾使用在"赫兹角水雷"(一种化学水雷)上。19世纪60年代,普鲁士科学家阿尔伯特·赫兹(Albert Hertz)首先设计出由电池引爆的水雷,后经其他国家改进。如果装着酸性电解液的玻璃小瓶被经过的船体碰碎,化学电池将激活并使水雷爆炸。

近炸引信上的电池体现了设计者的聪明才智,他们采用了早已过时的湿式电池构造,对其稍加改进,在设计中一并解决了以前难以克服的障碍——重力和旋转。那些难啃的技术问题就像苦涩的柠檬,而难题一旦被攻克,

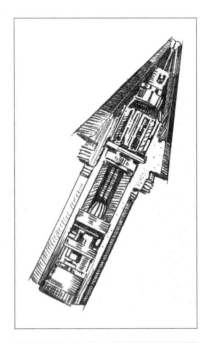

近炸引信的剖面图

就能得到柠檬汁的回报。

　　近炸引信的确是突破性的成果，也暴露出问题。万一敌对方得到了该怎么办？如果一发哑弹落在战场上，敌人可能反过来用它攻击美国人的目标。为了万无一失，空战中的战斗机要首先清除这种武器，如果出现哑弹，就把它投到海里，让其沉入海底。直到临近战争结束的1945年，美军才开始广泛使用近炸引信。美国后来生产出数百万枚近炸引信，并安装到各种类型的炮兵装备上。

　　战后，1946年的一条"永备电池"的杂志广告设法把这家公司与近炸引信联系在一起——其实公众都不了解内情。广告标题是"炮弹长着'无线电大脑'"。

　　满足战争目的可靠电源需求量远胜以往，而有所改变的是同样的电池驱动着不同的设备。即使在美国参战前的1941年，陆军部（国防部的前身）就指令摩托罗拉公司为前线研发一种收发报装置。

　　摩托罗拉的创立者保罗·加尔文（Paul Galvin）曾在第一次世界大战期间服役，之后开办一家电池公司——芝加哥D&G蓄电池公司，20世纪20年代又成立加尔文制造公司，进入电池代用器行业。经历过几次挫折后，包括在家用收音机市场的失败，加尔文以"摩托罗拉"品牌进军车载无线电市场。

随着便携式无线电设备出现在交战区域，第二次世界大战成为第一场"电池动力战争"。在大后方的支援下，美国的工厂夜以继日地生产电池，为战争提供源源不绝的动力

加尔文拿到政府的订单后，制造出SCR-300型便携式无线电台。虽然有一定难度，整套设备仍可由单兵运到战区，其自重超过13.61千克，信号有效范围大约4.83千米，装配成双肩背的式样，另外一个特点是有一个电话听筒式的部件。摩托罗拉为战场生产出5万套无线电台。SCR-300型电台被密封在钢铁箱中，工作时需要电池带动18个真空管，并配备一块鞋盒大小的B-80型专用电池，能为不同电路供应3种不同的电压。

携带更方便的SCR-536型手提式步话机在1941年问世，专门为前线的步兵设计。小型步话机很像20世纪80年代开始出现的那种笨重的蜂窝式移动电话（中国人起的名字叫"大哥大"），只是尺寸加大了。它的辐射范

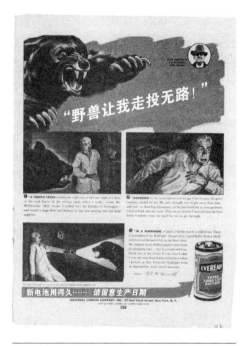

早期的电池广告中经常出现刺激的冒险情节，可靠的电池总能助人完成英雄壮举

围大约1.61千米，需要5支真空管和约453.59千克多重的电池电源。步话机的全部重量有2.3千克，其电源能维持一整天。它在设计上包含几个亮点：粗笨的电话听筒不见了，机身就有听筒的功能——类似于今天的移动电话——上下两端分别安装听筒和话筒；当你拉出约101.6厘米长的天线时，电路接通并开始工作。另外一个优点是该机器由石英晶体控制，因此更换晶体便可以进行频率调谐，不用再拨动转盘。到战争结束时，加尔文公司生产的小型步话机已超过了10万部。

这里有一个疑问：谁发明的步话机？就像肩背式电台一样，步话机也是加尔文制造出来的。一位名叫阿尔·格罗斯（Al Gross）的独立发明家同样是有功之人。格罗夫是来自俄亥俄州克利夫兰的业余无线电爱好者（他的呼号是W8PAL-Gross），据说早在1938年，他就想到了步话机的创意。格罗夫9岁那年随父母乘船时，曾偷偷溜进无线电话务员的工作间一探究竟，从此便迷上了无线电技术，十几岁时便提出小型手提式无线电台的设想。

下面的故事使上面的疑问变得复杂起来。战争期间的格罗斯受雇于"美国战略情报局（中央情报局的前身）"从事一项秘密计划，即外界所知的"琼-埃莉

诺（Joan-Eleanor）计划"。"琼"指的是发给情报人员的约1.81千克重的掌上型通信设备（名字取自美国海军的女子自愿紧急服务队少校琼·马歇尔）。"埃莉诺"则是安装在飞机上的无线电设备，自重约18.14千克，能在约12.19千米高空工作（以参与项目的一名工程师的妻子命名）。

加拿大人唐纳德·欣斯（Donald Hings）的研究成果也给问题的澄清增添了难度。有人说他在1937年发明了便携式的双向无线电台，当时他在温哥华的联合矿业与冶炼公司工作。

最后，获得步话机专利的人是加尔文，因为秘密的间谍设备不可能得到专利权。对于那些为发明权争执不下的人来说，有一点可以得到证实：从技术角度看，格罗斯只发明了步话机的一半，另一半系统是安装在飞机上的。

探雷器是由波兰工兵约瑟夫·科萨茨基（Jozef Kosacki）发明的。德国在1939年入侵波兰后，科萨茨基移居英国。在苏格兰圣安德鲁斯工作期间，他利用现有技术设计出一种装置——长杆一端安有一个扁平圆盘，上面接着两个平行线圈。探雷器的重量不到18.14千克，长杆一端的一个线圈发出震荡波，操作者用耳机收听另一个线圈接收到的反馈信号，耳机连着绑在腰间的电话机式装置上。每当地雷之类的金属物体干扰信号，操作者能清楚地听到信号的变化。科萨茨基把发明成果赠给了英美两国，但从未申请专利的"马克I型地雷探测器"，简称"波兰探测器"，无疑挽救了成千上万的生命。

第二次世界大战期间还出现了其他的新式武器，比如M-1型火箭发射器，能发射小型尾翼稳定式火箭攻击装甲车和军用工事。野战部队很快给肩膀上发射的M-1型取了一个绰号——"巴祖卡火箭筒"。巴祖卡是广播喜剧人物鲍勃·伯恩斯演奏的滑稽乐器名称，那是他用水暖管材即兴发挥的产物。最早的火箭筒用两个标准型干电池点火，后来的型号完全舍弃了电池，改用扳机激活小型磁电机点火。

经过创新的电池也应用到海上。第二次世界大战快结束时，美国海军研制出使用海水作电解液的MK26型鱼雷。这样做既减轻了鱼雷重量（负重始终是舰船上的一个重要问题），又取得无限的存储时间，原因是电池永远"不变质"。尽管MK26型从未投入实战，但是贝尔电话公司研制的电池确实为以后的鱼雷设计提供了依据。海水电池的发展也导致了更多技术应用到和平领域，比如自动触发式救生信标。

坠机飞行员使用的早期信号标由电池激活。现在私人和商务飞行器上必须携带识别应答器和黑匣子，其原型就是这种信标装置。救生信标都是大块头部件，包含成堆的强化电池和不成熟的"防震"电路，坚固金属匣里的简易发射器在飞机坠落后能自动发出"SOS"求救信号。

当然在另一方面也有一些技术创新,最有名的是恩尼格玛密码机。不管流行说法如何,密码机最早出现在20世纪20年代,主要满足商务需求。一本英语印制的宣传册这样说明:"只要守住一个秘密,购买密码机的那点成本就被抵消了……"经过多年发展,密码机的尺寸大为缩减,不仅更方便携带,加装了电池带动的小灯后也更好看了。

投入战场的新型电子装备存在的主要问题不在于自身品质,而在于电池方面。军方很早就发现电池在热带地区表现不佳。在太平洋和北非战场,电池一运到就已经没电了。高温和潮湿好像加速了化学反应,因此需要电池能在任何条件下工作。

鲁本提出了解决办法。在纽约的"新罗谢尔实验室",他研究了多种化学物质和容器,最终发明氧化汞电池或水银电池,这是一个多世纪来第一款新型电池。虽然它的性能优越,但是鲁本只有很小的一间实验室,无法满足几百万枚的军需供货,所以把合同转让给马洛里公司(后来的金霸王电池公司)。马洛里公司把生产任务列为"最高机密",而且为了满足战时需求,昼夜轮班赶制出几百万枚水银电池。这种钢壳的新电池出现在多种装备上,包括战地电台和挂在士兵腰间的"L"形手电筒。随着战况日趋激烈,Ray-O-Vac公司又被招募来填补订单缺口。

鲁本听说他每年可以得到近200万美元的专利使用费后,马上提出要重新协商履约条款。"从战时军需中获取如此丰厚的收益,着实令我良心不安,"他后来写道,"所以,我们一致同意把费用降到每年15万美元,这足够我应付实验室运转和人员开销了"。

科技史上也有一笔不同寻常的记载,鲁本发明的电池甚至应用到了最不可能的地方。1957年,苏联发射第一颗人造卫星,其直径约为58.42厘米,围绕地球飞行了3个星期,里面搭载一部能发射脉冲信号的无线电装置,还有一套温度调节系统。出乎意料的是,两套设备的电源都疑似鲁本电池,至少在1957年10月份的苏联刊物《年轻的技术》的报道中可以找到证据。众所周知,美国军方在第二次世界大战中曾和苏联分享过绝密的技术成果。更奇怪的是,苏联政府在1961年的官方刊物《知识就是力量》中称赞了美国在电池发展方面的贡献。

鲁本电池不止一次地进入太空。执行登月计划的"阿波罗13号"飞船发生事故期间,宇航员使用的光源竟然是以鲁本电池为电源的发光笔。

"你们知道,由于爆炸事故,我们必须合理使用电力和水。至于前者,事故之后我们不再开启飞船里的灯光，"宇航员詹姆斯·洛弗尔（James Lovell）、弗雷德·海斯（Fred Haise）和约翰·斯威格特（John Swigert）一同提到了鲁本，"因此，手头的钢笔就成了工作时的'眼睛'，窗口没有阳光照进来的时候，发光笔就是漫长黑暗中的照明工具。它们在飞行任务中从未用坏过，实际上现在还能发光呢……发光笔的大小很合适，便于叼在嘴里，帮助我们记录地面控制中心传来的繁琐的操作程序。"

美国在第二次世界大战中大获全胜，同时众多企业在军需生产的成本加成合同中获利丰厚，也因新技术和新工艺的注入而发展壮大起来。战争期间紧急筹建的基础设施和知识基础很快转到民用方向。发挥作用的不仅是那些基础设施建设，包括工厂、铁路线和完好的人才库等方面，另一关键因素是《G1法案》（全称为《1944年军人再调整法》）。出于对集中返乡的数百万退伍军人可能影响美国经济的顾虑，罗斯福总统于德国投降的前一年签发了该法案。

法案规定，除了给退伍军人提供无现金低息抵押贷款，还有大学学费和助学金资助。截至1947年，1 600万名第二次世界大战退伍兵中有近一半人进入大学或接受职业培训。他们一度占全美在校大学生总数的一半。第二次世界大战后，总计有9.1万名科学家和45万工程技术人员通过《G1法案》陆续完成大学学业，包括14位诺贝尔奖获得者。

很早便有人注意到和平应用尖端技术的巨大潜力。万尼瓦尔·布什博士很快预见到未来的发展趋势。他曾构想并主持"国防研究委员会"及其战时附设的"科学研究与发展局"，该机构负责战时的新技术应用。布什写过两篇标志性论文：《诚如我思》（发表于《大西洋月刊》）和《无尽的科学前线：致总统的一份报告》。他在论文中提到科技在未来的重要地位，并且表现出超人的先知先觉。两篇文章完成于1945年夏，日本在当年9月战败投降，标志着战争的结束。

布什从MIT取得博士学位，与他人合办了"美国电器公司"，也可以说是业余发明家。这家公司最终化身成美国主要的防务承包商——雷声公司（Raytheon）。

在跨世纪的那一代人中，布什绝对是一个另类，不仅欢迎技术变革，而且准确推断出技术变革将对社会产生重大影响。虽然布什出生在煤炭和蒸汽机推动的19世纪，多数美国人仍然在乡村生活，可是他能预见到必将出现的未来图景：越来越高级的电路和更加复杂的设备，而且脱胎于前沿科学的新技术也将扮演越来越重要的角色。在《诚如我思》一文中，他设想出一种名为"memex"的装置，很多人把它类比成因特网，实际上它更接近大型数据库。

然而，布什在《无限的科学前线》中却大力倡导用举国之力推动科学发展。"这个国家仍然活跃着开拓精神，"他给罗斯福的信中写道，"科学留下一大片未开发的蛮荒之地，而拥有利器的拓荒者的任务就是去探索。无论对国家还是对个人，这种探索的回报将是伟大的。发展科技是一项必不可少的工作，能保障我们的国家安全、身心健康、就业机会、较高的生活水准和文化进步"。

布什的预言基本上是准确的，战后所发生的情况可以看成20世纪中期的"熔剑铸犁"运动。换而言之，人们不再制造炸弹，而生产收音机和电视机。军工技术的价值与其体现在杀人武器上，倒不如发挥在创造武器元器件和生产工艺上。例如，一些私营公司似乎特别钟爱近炸引信完善的印刷电路技术。

在国家标准局战后发行的一本刊物中，克莱多·布鲁内蒂（Cledo Brunetti）和罗杰·柯蒂斯（Roger W. Curtis）做出如下报告：

> ……现在印刷电路成为国内外众厂商和研究实验室最感兴趣的话题。从1947年2～6月，本局收到100多份来自厂商的申请，他们都想在电子产品中应用印刷电路或印刷电路技术。提出的应用方向包括收音机、助听器、电视机、电子测量和控制设备、个人无线电话（原文如此）、雷达等无数其他装置。

在印刷电路中，元器件之间的连线方式基本上被事先印在电路板上。通过使用这种技术，技术人员可以在很多电气装置中摆脱以前常见的鸟巢般复杂的导线和镀锌底盘。他们也能降低成本，把电器中的连线简化成二维模式，从而在紧凑空间内搭接更多电路。

老电影和电视剧中经常出现一个可笑情节，敲打或摇晃一下出毛病的电器，它就能工作了。事实上，这种常常有效的办法（至少是暂时的）能使松动的电路重新连接起来。早已从美国人视野中消失的电器修理店和电视维修工们的生意曾经十分红火，他们善于找出接头松动的地方，并能重新焊好。随着电路板的出现，他们的好日子也快到头了。

为战时订单服务的制造商掌握了一些窍门，比如在接收机上使用多用途真空管，这样就能把原来规定的七八个真空管减少到四五个，而使用效果和原来一样。为了节省空间，工程技术人员也开始把元件安排得更紧密，同时设计一些能执行双重任务的简单元件。例如，第二次世界大战时的步话机通过拔出天线接通电源。那么消费类和工业类电器产品为何不能使用同样原理呢？

很多此类创新设计都直接来自战场需求，尤其是缩小尺寸的努力。历史学家威廉·史蒂文森奉命给位于新泽西州蒙默思堡的美国陆军电子司令部整理出一份长篇报告，探讨了战后电子设备小型化和微型化的必要性。他写道："作为一种电子通信设备的重要设计目标，只是在行业内强烈感受到陆军的具体需求之后才开始出现的。很多情况下，能否实现战地保障服务的精确到位，取决于设备的体积大小，所以我们要不惜代价地进行小型化的努力"。

除了电池，这当然是绝好的消息。尽管电池较以前已经更便宜、更可靠，也更耐用了，但仍然不能胜任给更多真空管长时间供电的使命，即使是对微型真空管也做不到。无论缩小到何种程度（"雷声"之类的公司的确能加工出超小的管子），电池根本满足不了真空管的胃口。

道理很简单，电池行业撞上的那堵墙就是法拉第的第一电解定律。该定律从逻辑上说明了这样的事实，如果想增加电池的输出电量，那么电池里的化学原料也必须加量，二者成正比。诸如汞和镉等新材料能有效延长电池寿命，增强电池能量，但是输出电压太低，而且材料过于昂贵，无法满足美国消费者对尖端电器的需求。如果你需要等待一分钟才能让真空管"热起来"，这种不便还是最小的。即使当真空管"熄灭"，这种令人烦恼的情况依旧经常发生，很容易拔出可疑部件，然后拿到当地五金店或药店里的工作台上进行检验，店里也备有可替换零件。假如收音机或其他电器携带起来不够方便，那也算不上问题，过去的条件就是那样。

虽然面临各种问题，一些瞄准细分市场的公司为小型化做着努力，比如助听器制造商曾使用缩微型的真空管。一心想在消费市场立足的雷声公司收购了洛杉矶的"贝尔蒙特无线电公司"（另外一家由战时过渡到和平技术应用的制造商），并很快推出广为人知的首款"袖珍收音机"。"5P113型贝尔蒙特大道"牌收音机的宽度约7.62厘米，高度约15.24厘米，厚度不足2.54厘米，需要3节电池启动5支微小真空管，其中一节是22.5伏B电池，两节1.5伏A电池。

人们真的需要戴耳机而不是带扬声器的微型收音机吗？显然不是，至少不是贝尔蒙特款的。虽然当年的5P113型袖珍收音机根本打不开市场销路，但是眼下已经非常稀有，所以成了收藏者们追逐的目标。

然而"贝尔蒙特"收音机的有趣之处在于它和今天的袖珍收音机或任何其他便携式电子产品在相似性上非常之小。金属壳的"贝尔蒙特"有着金银两种颜色，消费者可以选择多种表面装饰，包括摩洛哥皮革、海豹皮、鳄鱼皮或小山羊皮等材料。这种收音机显然是富人的玩物或绅士的奢华配件，很像流行的纯金烟盒、精雕细刻的扁酒壶或纯银手电筒。站在21世纪的角度看，虽然"贝尔蒙特"漂亮外壳里包容的技术注定要被淘汰，但是它的设计初衷更像一种传家宝式的个人用品。

另一家著名公司也意识到小型化和电池动力产品的未来潜力。"汉弥尔顿钟表公司"是美国一件知名计时器制造商,其历史超过百年。1946年,汉弥尔顿公司启动了生产电动腕表的宏伟计划,并在电池动力上掷下很大赌注。公司很可能不太清楚研发的难度,所以用了10多年时间才把产品投向市场。

汉弥尔顿公司不仅要研发手表,同时也在努力设计专用配套电池。最后公司发现自己无法完成电池设计,所以请来全美碳业公司(这时还不叫永固电池)对鲁本设计的一款纽扣电池加以修改,成为后来的劲量1.5伏电池。

汉弥尔顿公司始终很乐观,研制工作一年年在缓慢前进。电动手表面世前几个月,1956年的《纽约时报》对汉弥尔顿的计划做了长篇报道:

> "古老的计时技术即将发生一场革命,特别是手表的设计方面,"报道中充满热情,"电子学的新发现和小型化进程的推进(使越来越多的设备占用越来越小的空间的过程)正在点燃革命之火,而且革命将呈现两种形式。电动手表会出现在不远的未来,不会比你现在戴着的手表大,完全靠电池维持运转。以后,大概在1975年,将会出现'原子'手表,其动力来自小型核电站。"

1957年1月初,汉弥尔顿正式对外推出最早的电动手表——汉弥尔顿500型,纯金款零售价为175美元(大约1 300定值美元),镀金款零售价是90美元(约700定值美元)。遗憾的是,尽管耗费了10多年的心血,电动表在技术设计上还是事与愿违。1.75美元一支的劲量电池的实际放电时间更短,而汉弥尔顿设想的使用寿命应该达到一年;新手表整体显得不伦不类。汉弥尔顿没有重新设计,仅仅把传统手表的主发条换成小型电机带动摆轮和其他齿轮,所以电动表没有成为最可靠的计时器。

超前的电动手表仍然是"未来的手表"。至于未来的技术,20世纪50年代毕竟是一个无拘无束的时代,时常冒出稀奇古怪的幻想和预言。未来社会的繁荣是前所未有的,个人用的飞行汽车、机器人管家以及去火星度假等设想都有可能在将来实现。迪士尼公司开办的"明日世界"成为很受欢迎的主题乐园,特色项目之一就是贴着"TWA月球航班"标志的火箭飞船。奇怪吗?充满科技奇观的未来世界的确即将到来了。

媒体赞叹电动手表的新颖设计概念的同时,也惊讶于其电池的尺寸。热心人形容电池小到能放在指尖上,和衬衫纽扣或阿司匹林药片一样大,经常和旁边

劲量电池

汉弥尔顿电动手表

的手表一起进入照相机镜头。因为那块电动表其貌不扬，小小的劲量电池反倒成了明星。

大概由于新上市的电动表形象和传统的汉弥尔顿机械表太相像了——没有人知道你手腕上戴的是未来技术，所以该公司又发布了一款未来主义特色鲜明的电动表，其外壳改成非对称形状。"猫王"埃尔维斯（Elvis）和电视节目《阴阳魔界》（Twilight Zone）主持人罗德·瑟林（Rod Serling）各自买了一块。甚至电影《黑衣人》（Men in Black）中，威尔·史密斯（Will Smith）和汤米·李·琼斯（Tommy Lee Jones）扮演的角色也都戴着汉弥尔顿电动表。

随着石英钟表开始上市，汉弥尔顿电动表在1969年悄无声息地停产了。日本精工的Seiko 35 SQ型石英表首先限量投产，售价约1 200美元（超过6 000定值美元）。汉弥尔顿电动表作为消费产品的市场寿命与其研发时间大体相当。尽管国家标准局在1949年就制造出一台原子钟，可是所谓的"原子手表"并未出现。现在的消费者能选择到多种计时器，它们都能通过标准局的广播信号进行校准，达到"原子精准度"。

对于电子产品，战后的美国消费者已经培养出自己的品位，甚至达到入迷的程度。差不多所有的美国家庭都通上了电，其主要原因是《1936年农村电气化法》的施行。即使处于边缘化地位的电池只能用于玩具、手电筒和助听器之类的简易装置，消费者和爱好者们仍然享受不到足够多的电子产品。

1947年，密歇根的一家小公司开始购买剩余的战争物资，然后重新包装成DIY组件出售给爱好者。首先推出的是示波器，然后是业余电台和唱机放大器之类的装置，都以普通消费者为导向。不同于根斯巴克的Electro公司，"希思公司（Heath）"没有实体店，主要通过邮购方式开展业务，后来改名为"希思套件（Heathkit）"。DIY爱好者只需要少数基本工具就能完成组装，这是此类业务成功的秘诀。按照产品宣传页上的承诺，"只要在家里舒舒服服地花上几晚时间"，你就能组装出一台超棒的放大器。

如果你不知道欧姆定律或者了解其中的奥妙,那也没关系,你仍然能够自己组装出不错的家用无线电或立体声音响,可是从商店购买现成的产品却要多花近一倍的价钱。巴里·戈德华特(Barry Goldwater)就是有名气的希思套件热衷者,也是业余无线电爱好者,他在几年中自制了100多套电器装置。这种电器制作的创意和编码油画①没什么两样。希思公司的座右铭是"我们不会让你失败"。在纽约未来的世贸中心所在地是"无线电一条街",大量剩余战争装备云集在几个街区的地方,满是灰尘的小店里装不下那么多货物,所以人行道上都堆满了包装纸箱。无线电爱好者们常常在那些鼓胀满溢的箱子里淘宝,那里有旧的真空管、刻度盘、变压器等元器件,还有很多常人不认识的设备,它们有模样严肃的面板、神秘的刻度盘,或者成排的扳钮开关。新闻记者、牵引车驾驶员甚至那些靠交通伤害案件谋利的律师也会到那里"朝圣",希望能捞到坦克车上废弃的无线电装置,以后监听警察和消防队的通话就方便了。

尽管表面上不动声色,可是科技领域已经发生了变化。1947年,贝尔实验室的两位科学家约翰·巴丁(John Bardeen)和沃尔特·布拉顿(Walter Brattain),在新泽西莫雷山的实验室里进行了突破性的研究。他们用电池电源在一块灰色的锗材料表面上刺探,以便提高电荷输出量。锗在元素周期表与临近的锡和硅类似。之后在1956年,他们凭借研究成果,与团队带头人威廉·肖克利(William Shockley)一起获得诺贝尔物理学奖。

巴丁和布拉顿的工作是给锗涂上或添加杂质。根据所加杂质的不同,锗的晶体结构或者处于电子过量状态(又叫阴性的N型晶体),或者处于电子缺失状态(呈阳性的P型晶体)。当弱电流通过电路中表面掺杂的材料时,如果晶体里存在多余电子,电流便能增强。反过来,涂上另一种杂质后,我们可以阻挡电流的通过。因此,如果把不同杂质涂层按照P-N-P或N-P-N模式叠加起来,锗元件就能起到信号放大器或通断开关的作用。

晶体管的发展当然不是一次纯科学的探索。北美和欧洲之间的大西洋海底电话线(TAT-1)需要增强信号的中继器。使用顶针大小的电池完全有可能把电报品质的电脉冲信号发射到世界各地,但是有线电话通信则需要中继器来加强信号。贝尔实验室设计了一种约2.44米长的弹性中继器。20世纪50年代中期,最初的两条海底电话电缆铺设成功,每隔约59.55千米安放一个中继器。负责电话业务的英国邮政局拥有自己设计的中继器。这两种中继器都使用可靠的

---

① 编码油画,也叫数字油画和数字彩绘,是通过特殊工艺将画作加工成线条和数字符号,绘制者只要在标有号码的填色区内填上相应标有号码的颜料,就可以完成的手绘产品。

特殊设计的真空管，但是使用寿命相对有限，最终必须进行替换。此时的晶体管承担了重任。

真空管当然能发挥同样的功能，但是它们的耗电量惊人。相同的"工作量"现在可以用更省电、更省空间的原件来完成。更令人满意的是，小小的夹层式半导体材料不会像真空管那样碎裂。使用晶体管后，作为可靠电源的电池又回来了。

几个月后，贝尔的科学家们推出了一个实用的元件，同时一份为之命名的备忘录也流传开来。人们为新元件提出多种名称并争论不休，最后统一使用"晶体管"。其实英语里的"transistor"（晶体管）是"transconductance"（跨导）和"varistor"（变阻器，一种用来防止电路出现过大电压的保护性装置）两个词的头尾合成的。

第二年的6月份，贝尔实验室在曼哈顿下城的西大街办公室召开新闻发布会。新闻稿中说："昨天在贝尔电话实验室里，一种非常简单的装置在此做了首次演示，该项发明几乎能有效完成普通真空管的所有功能"。演示产品的同时，配发了详细的相关技术资料。

除了科技界之外，当时没有多少人能真正意识到贝尔的科学家所做工作的意义。《纽约时报》对晶体管也没有表现出太多的热情，只是在第46页的定期专栏"无线电新闻"中登载了一则相关报道。而该版面的另一条消息却排在首位：著名女演员伊芙·阿登（Eve Arden）将在一部新戏《我们的布鲁克斯》中出任主演，"扮演一位历经种种冒险的教师角色"。伊芙·阿登在某种程度上令21世纪最重要的一项技术突破相形见绌。

现已停刊的《先驱论坛报》（Herald Tribune）与《大众科学》和《大众电子》等主流科技杂志给了晶体管更多的关注。公平地讲，表现冷淡的媒体不止《纽约时报》一家。除了专业技术期刊和为数不多的爱好者出版物在通过各种疯狂的方式为新发明喝彩以外，媒体的报道口径基本是温和、严肃或者例行公事的。贝尔的科学家在新闻发布会上公布的产品之所以没有马上得到赏识，那是因为它不像直观的立体声音响或宽银幕电影那样能打动普通民众。这种电器元件太微小了，它的应用似乎也很遥远。

另一方面，军方立刻意识到晶体管的重要意义，试图将其列为机密技术。这种做法不只是某些机构的偏执心理在作怪。主要原因是"冷战"局面已经开始形成——丘吉尔在密苏里州富尔顿的威斯敏斯特学院发表了1946年的"铁幕"讲话；美国驻苏联大使乔治·凯南（George Kennan）给国务院发回了那份8 000字的"长电"，为一项长达十几年的政策打下了基础，其目的就是遏制苏联的野心。1947年，杜鲁门总统签署了《国家安全法》。

由于东西方关系日趋紧张，而晶体管既没有真空管的种种缺陷，又能用在武器和通信系统的核心部位，那么它的价值无疑是巨大的。幸运的是，贝尔实验室最终顶住压力，并在1948年取得第2569347号专利，全称是"利用半导体材料的三极电路元件"。

在被发现后的若干年中，晶体管又经过了改进和完善。第一支商用晶体管在1950年前后由雷声公司推向市场。虽然晶体管可以应用在很多复杂的工业电器和一些DIY电子组件上，而乐于尝试的爱好者都喜欢在电路板上用这些组件挑战自己的组装焊接本领，可是电器厂商并没有争先恐后地签下大笔订单。

问题的关键在于晶体管的市场定位不明确。晶体管本可以取代便携式收音机里的A电池，但多数收音机都能插接到墙上的电源。1952年，生产助听器的Sonotone公司首先推出了晶体管产品——尽管那款助听器混合使用了微型真空管。有趣的是，AT&T公司能授权Sonotone等企业免费应用晶体管技术，是依照协议进行的。这一做法的目的是弘扬贝尔先生对听障人士的关爱之心。其实巴丁和贝尔的妻子都有听力障碍，这真是历史的巧合。

两年后，贝尔实验室为美国空军建成第一台全晶体管计算机——TRADIC（晶体管数字计算机或晶体管机载数字计算机），共使用700多支三极管和二极管、1万个锗晶体整流器。安装整套系统需要占用几平方米的面积。这是新兴的计算机领域的一大进步。而较早出现的先进计算机ENIAC（电子数字积分计算机）却是庞然大物，外号叫"巨脑"，是第二次世界大战期间军方为方便炮兵计算数据而秘密研制的。ENIAC计算机使用了大约1.8万个真空管，系统占地约167.23平方米，需要专职人员负责更换真空管，它们的损坏频率之高令人恼火不已。

如果进一步对比，英特尔公司（Intel）在1970年早期制造出第一个4004处理器，把2 300个晶体管安在一块芯片上，而现在的处理器则包含着近3亿个晶体管。

价格高是早期晶体管的一个缺点。由于规模经济带来了数量和价格的优势，真空管每年的上市量可达几百万，每支的价格不到1美元；而雷声公司生产的早期晶体管每支售价是18美元（超过159定值美元）。即使在20世纪50年代的经济繁荣期，制造商仍然能敏锐地觉察到消费者在居家用品方面还是很在乎价钱的。另一个问题是质量控制。晶体管的加工难度大，废品率比流水线上生产的真空管的废品率更高，进一步提升了成本，所以晶体管是物美价高。

扭转局面的并不是公众对晶体管产品的强烈需求，反倒是军事需求。20世纪50年代初，五角大楼开始在晶体管项目上花费数千万美元，实际的投向是为西部电子公司在宾夕法尼亚州建设了一家工厂，同时资助了其他企业现有工厂的晶体管生产设施，包括通用电气、美国无线电公司、雷声和喜万年等公司。

成功应用电子管的领域是新型高端武器系统，例如从20世纪40年代便开始设计的最早的Nike Ajax地对空导弹。这种政府投资模式是有先例的，类似当年莫尔斯从国会那里挤出3万美元并投入到有线电报的试验中。后来的众多项目中又一再出现政府资本的身影，从那些项目中最终发展出因特网和全球定位系统（GPS）等多项新技术。

虽然晶体管技术存在局限，却极大扩展了电池的潜力。晶体管的能耗不仅远低于真空管，而且可以在一块电路板上安装许多元件，进而制造出更小巧、更复杂的装置。这对制造业又是一大进步。流水线上最初装配出的电路板上都是真空管元件，主要由女工完成。1949年，美国陆军通信兵团的莫伊·阿布拉姆森（Moe Abramson）和斯坦尼斯洛斯·丹科（Stanislaus F. Danko）发明了有名的"自动装配"工艺。为了焊接出电路，晶体管的丝状铅脚要被插到电路板上预开的细孔中，剪断多余的尾端后，电路板需要在焊料中浸蘸过一下，各个元器件之间就连通在电路里了。因为每块电路板的构成都是设计好的，底面附着的焊料变硬后，晶体管的触点之间便形成了不同的电路。但是电路连接不需要的地方却不会黏着焊料。晶体管厂商可以弃掉原来的生产线，也不用人工焊接各个接触点。

晶体管所有的进步和优势经过整合后，被研制成更耐用、更紧凑的电器元件，以便装配到杀伤力巨大的武器系统中，既便于陆上部队携带，也可以安装在飞机或军舰上。

电池技术也在进步，甚至电动玩具也变得愈来愈复杂。以前流行的锌碳电池开始跟不上潮流。路易斯·厄里（Lewis Frederick Urry）被"永备公司"从加拿大调往俄亥俄的帕尔玛分部后，接手的第一项任务就是想办法延长公司系列电池的使用寿命。他知道那是不可能完成的任务。又是因为法拉第定律！厄里决定从碱性电池入手。碱性电池虽然使用多年，但是从未应用在消费类产品上。爱迪生曾经开发出汽车用的碱性电池，因成本过高而不适合日常用途。厄里在多种材料中试验，最终发现了一种最有效果的搭配组合。他把固体的锌改换成金属粉末，从而取得成功。

厄里意识到粉末状的锌拥有更大的表面积，更利于化学反应。就粉末反应材料而言，他的办法是传统手段的一次创新。从伏打开始，很多科学家都在设法增大电池里面的反应面积，首先是在伏打堆里放置更多的金属片，接着又想到了反应槽的主意。斯米电池的特点是反应材料的表面很粗糙，普朗特的铅蓄电池也基本采用同样策略。

第一款现代意义的碱性电池诞生了，其寿命是锌碳电池的40倍。然而，厄里向上司汇报自己的成果时却遇到了困难，只好通过实地演示来证明新电池的过人之处。他把常规的D号电池和新研制的碱性电池分别安装在相同的两个玩具汽车上，并在公司的自助餐厅里进行对比试验。"我们的汽车在餐厅里跑了几个来回，"厄里在一次采访时说，"但是另一辆D电池动力的小车几乎没有动窝。大家都跑出实验室看热闹，试验结果令他们惊叹不已"。

十六

看一看！听一听！买下吧！

不管你们在哪里，不管你们在做什么，我要你们拿起收音机，和我一起躺下，转动旋钮。今晚我们将一起聆听。这里陪伴你们的是沃夫曼。

——沃夫曼·杰克，
XERF电台音乐节目主持人

1954年10月，最早的晶体管收音机在圣诞节前走向市场和消费者见面。印第安纳波利斯市的"产业开发工程协会"（I.D.E.A.）生产并开始经销"Regency TR-1"型收音机，自重343克。按照今天的标准，这种收音机没有什么突出之处，但是和电子管收音机相比就非常惹人注目了。当时包括"自动无线电公司"生产的"拇指汤姆（Tom Thumb）"牌或摩托罗拉的"小精灵（Pixie）"牌在内的收音机尽管使用了微型真空管，体积已经很小了，但是装上电池后依旧很重。

Regency收音机包含4支"德州仪器公司（TI）"产的锗晶体三极管，助听器使用的"永备"特种电池为其提供22.5伏的电力。虽然不符合现在的节能标准，但是它有4种颜色可供选择——黑色、红色、灰色和白色，而且与"贝尔蒙特大道"牌收音机不同，采用了扬声器结构。随机可选购的皮革护套售价4.95美元，耳机要价7.95美元。

为了忠实于历史，我不得不承认小巧的Regency TR-1并不是第一款微型晶体管收音机。以前也有一些该类设计的试验。例如，通信兵团工程实验室的"研究与侦听部"在1953年曾发明出晶体管收音机，外壳是透明的有机玻璃，比Zippo打火机稍大。试验机基本由手工专门组装，只用了一个周末的时间，虽然属于机密级项目，却完美地展示了微型化的发展趋势。这种机器没有扬声器，只装配了耳机，还有一根长天线。军事工程师把它设计成手腕佩戴式，并以漫画人物神探"Dick Tracy"为之命名。据传超级侦探漫画家切斯特·古尔德（Chester Gould）参观过发明"琼-埃莉诺"系统阿尔·格罗斯的实验室后，想到了微型腕式无线电装置的创意。

晶体管收音机以特别低调的推广方式进入消费市场。甚至按当时的标准，他广告做得都很烂。虽然在《假日》等杂志和一些报纸上登载了平庸的广告和不温不火的宣传，可是Regency收音机的销售工作却刻不容缓。TI公司在这个小玩意上寄托了太多的东西，它已经吞掉了大笔的运营资本。

TI公司的前身是1930年成立的"地球物理服务有限公司"，为石油企业提供技术支持，后来在第二次世界大战期间转型为军需承包商，现在来势汹汹地进入新技术产业。高瞻远瞩的公司管理层以新产品来推销公司本身。晶体管收音机有着亮丽的塑料外壳，放在衬衫口袋里正合适。公司的目的很明确，要凭借这款收音机促进其他家电厂商使用自己的系列晶体管产品，并确立在晶体管行业中的头等供货商地位，预计该市场的竞争将日趋激烈。

I.D.E.A.和TI的工程团队面临的一大障碍是如何降低Regency收音机的价格。最终他们把价钱定在每部2.5美元（约20定值美元），其批发价差不多相当于零售价的四分之一。虽然价格和质量方面的问题到1954年已经有望解决，但是制造工艺和质量控制等方面的问题依然存在。

特色不够鲜明的I.D.E.A.并不是TI公司的首选制造商。正是因为RCA等大企业婉拒了合同，才使I.D.E.A.捡到了便宜。I.D.E.A.在消费市场的确具备一定经验，生产的系列电视机信号放大器能接收到常规波段以外的信号——这是早期的农村电视用户重视的功能，但是缺乏知名品牌制造商的分销体系或市场信誉。

两家企业计划尽可能在一年内打开收音机的销路。那就意味着他们要用最精致的元器件设计出以前没有过的产品。真空管收音机的元件都是用手工焊接到金属底盘上的，而晶体管机器则采用了类似于近炸引信的印刷电路板技术。其他零部件必须从现存储备中加以改进利用或者按要求定制。共同研发团队终于在1954年秋季完成了原型机的装配，然后赶在圣诞节前投入生产。

TI公司现在只能依赖这家印第安纳波利斯的小公司及其平庸的促销水平。经销店里摆上了新机器的展示样品，分销商也得到更实用的TR-1型收音机，机身的透明塑料后壳能清楚地向顾客显示其内部微小的电路。促销宣传卡片被印成和收音机一样大小，提醒消费者TR-1型能放进口袋里。11月的《纽约时报》刊登了一篇4个段落的报道，其标题是"无真空管收音机上市"。

报纸杂志广告极力鼓动消费者"看一看！听一听！买下吧！"但是定价49.95美元（约350多定值美元）的TR-1在第一个圣诞季的销售量不到2万部。不论其定价高低与否，其营销活动是否矜持，或者大众是否把小型收音机看作是以高价蒙人的新奇玩意儿，就像连环漫画书封底广告吹捧过的"世界最小收音机"——矿石收音机那样中看不中用，TR-1收音机在前几个月的销售情况算不上巨大成功，这还是在几个重点市场才取得的业绩。《消费者报告》的态度也是不温不火。

> Regency收音机的尺寸一点也不比Dick Tracy腕式收音机小。但它的确能装进先生们的上衣口袋里。49.95美元的售价使其归为奢侈品行列，只有少数人才会为品质而花那么多钱——那能买到很多其他新鲜小巧的袖珍产品，而且价钱要低得多……相比之下，价格更低的电子管收音机的音质更好，噪声更小，调节更简便，但是其劣势在于尺寸和重量……还有电池的消耗量（所以晶体管收音机在后几项指标上肯定是一流产品）。

然而，那些喜欢自己组装"希思套件"系统的无线电爱好者也喜欢到Radio Shack公司寻宝，他们更喜欢花样翻新的市场，所以欣然接受TR-1，都想拥有第一部晶体管收音机。电影《环游世界八十天》（*Around the World in Eighty Days*）的制片人迈克尔·托德（Michael Todd）给演职人员发放了几十部新收音机。IBM公司的托马斯·沃森（Thomas Watson）买了100部，作为圣诞礼物送给管理人员，直接提醒他们还没有完成晶体管计算机的研制任务。沃森的心思其实不难想象。IBM公司在1955年推出的650型计算机重达近3吨，使用了2 000多支真空管。这种机型好比计算机领域1955年的那款凯迪拉克汽车，唯一的亮点就是鳍状尾翼，别的方面着实不敢恭维。

绝大多数美国消费者不清楚晶体管是怎么回事，也不明白把收音机放在口袋里有何道理。很多消费者都认定只有简单便宜的产品才用电池做电源，比如儿童玩具或手电筒等。而正经的电器产品，包括电视机、电唱机和收音机都要插在墙上的插座里，都使用让人放心的电子管。那些启动缓慢的电子管在镀锌底板上的繁杂线路中发着光。那种柔和的琥珀色的光亮看着就叫人舒服。晶体管收音机的设计者采用颜色亮丽的塑料外壳没有打动消费者。正经的电子产品——真正的精品都采用深黑和深棕色调。大部分高级家电仍然放置在木柜里，和家具差不多。既然电源插座满世界都有，为什么需要耗电少的小玩意儿呢？

今天的消费者能在结构紧凑的手机和笔记本电脑里尽享多种附加功能，可是20世纪50年代的消费者则认为装置的价值会随着体积变小而降低。那个年代还没有个人电子产品的概念，反正东西是越大越好。

TR-1型收音机最后被消费者所接受，但不是《假日》杂志的读者，也不是那些真正在乎晶体管具体功能的爱好者。经过证明，青少年往往是接受新技术的急先锋。小巧的TR-1在年轻人中越来越流行，到1955年底，I.D.E.A.已经销售了10万多部。纽约市的年轻人很快开始通过WINS电台收听查克·贝里（Chuck Berry）演唱的《美宝莲》（*Maybelline*）、企鹅乐队的《人间天使》（*Earth Angel*）以及"胖子"多明诺的《真是太遗憾了》（*Ain't That a Shame*）。WINS是美国最早的摇滚乐广播电台之一。在南加州，彩色塑料壳的收音机成了海滩和游泳池旁边的必备之物。

TR-1在各地迅速得到普及，生日聚会和高中毕业典礼的流行礼物就是收音机。不久农场的孩子们也在拖拉机上挂着小收音机，收听着天气预报或西部乡村音乐，比如田纳西的欧尼·福特（Ernie Ford）的《十六吨》。晶体管收音机最终也成为歌曲的一部分内容，包括巴克·欧文斯（Buck Owens）的金曲《日本制造》（1972）、"沙滩男孩"演唱的《神奇的晶体管收音机》（1973）、康妮·史密斯（Connie Smith）的《蓝色的小晶体管收音机》（1965），当然还有范·莫里森（Van Morrison）的名曲《棕色眼睛的女孩》（1967）。

如果听收音机时不想受到打扰，可以使用单个的耳塞——20世纪50年代的新概念，它成了动漫画家和情景喜剧编剧们经常使用的喜剧道具。如果一个人在公共场合戴着耳塞自己收听音乐或体育广播，即使不是对礼仪的彻底颠覆，也多少给人一种鬼鬼祟祟的感觉。这种没礼貌的行为和社交场合埋头玩手机一样，都会让别人皱眉头。

不过由于战后婴儿潮出生的孩子们成长起来，他们构成了20世纪50年代至60年代晶体管收音机的新兴市场主体。市场开始出现竞争，新广告里找不到那些打着领结的中年企业经理和身着晚礼服的淑女身影，取而代之的是穿着紧身裤和套头衫的阳光青年形象，或者是穿戴着凌乱的斜纹棉布裤子、高翻领毛衣和雷朋太阳镜的年轻人，隐约能看出"垮掉一代"的苗头。

婴儿潮的一代人离不开流行文化，最典型的就是摇滚乐，而袖珍收音机仅仅使用9伏的小电池就能使年轻人把自己的音乐带在身边。这种收音机像汽车一样代表着青年人追求独立的精神，他们要摆脱台式收音机所代表的家庭生活氛围,同时和更广阔的外部世界保持联系。几年后,非法电台每天晚上都会从墨西哥边境那边发射无线电波,那里是联邦通信委员会鞭长莫及的地方。包括纽约市、艾奥瓦州的得梅因、俄勒冈州的克拉马斯福尔斯等各地的小收音机都能接收到电离层折射下来的广播信号。XERF电台拥有25万瓦的大功率发射机,节目能覆盖美国整个大陆。忠实听众熟悉的音乐主持人沃夫曼·杰克,本名罗伯特·维斯顿·史密斯,最早带领无数年轻人共同欣赏美妙的音乐,包括"嚎叫野狼"、詹姆斯·布朗和摇滚风格的音乐,而那些年轻人都远离主流听众群。

XERF电台设在墨西哥境内的阿库尼亚市(Ciudad Acuña,那时叫阿库尼亚村),边境线另一侧就是得克萨斯州的德尔里奥(Del Rio)。沃夫曼·杰克的节目不同于"美国音乐台(American Bandstand)"和"埃德·沙利文节目(The Ed Sullivan Show)",也不符合普通家庭的收听习惯。听众甚至不知道主持人是黑人还是白人。家长们自然痛恨杰克。同样讨厌苏联人曾设法干扰阻隔美国人的颓废电波。但是杰克在那些躲在卧室里的年轻听众的耳塞中却是偶像般的人物。

至少在消费者眼中,电池又突然取得了优势地位。

TR-1型收音机上市不久,一家成立仅10年的日本公司从"西部电气"获得加工晶体管的授权,开始生产自己的系列晶体管收音机。"东京通信工业公司"(Tokyo Tsushin Kogyo,原来叫"东京通信工业株式会社")的首款成品是TR-55型,外形尺寸比TR-1型大很多,售价30美元,而且只供应日本市场。"东京通信"值得骄傲的地方是从零点起步开始生产收音机和晶体管。对于一家还在为磁带式录音机业绩而奋斗的年轻公司来说,这种起步方式已经很不错了。

"东京通信"设计第二款TR-63型晶体管收音机是"口袋里放得下的收音机",并孤注一掷地拒绝了宝路华公司(Bulova)的10万套的大单生意,理由是不愿意在收音机上打上钟表的商标。不管怎么说,在

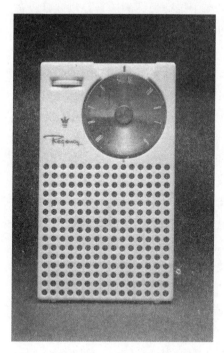

印第安纳波利斯的小公司I.D.E.A.和德州仪器公司生产的Regency袖珍收音机虽然没有大获成功,但也证明了晶体管在消费类产品中的地位

满是第二次世界大战老兵的美国市场上，初来乍到的日本企业能敢于如此冒险的确出人意料。

为了使首批产品能顺利出口，公司名称改成了美国人易读易记的"索尼公司"。实际上，他们把拉丁语的"sonus"（声音）和美国俚语"sonny"（小男孩）合在一起，这就是"Sony"。公司的创始人井深大（Masaru Ibuka）和盛田昭夫（Akio Morita）认为将来的发展还存在变数，所以不愿意在名称上添加诸如"电子"或"无线电"之类的字眼。毫无疑问，索尼的赌博大获成功。

Sony公司在1957年推出的TR-63型收音机售价39.95美元（大约是日本工人的月平均工资），真正为晶体管收音机的普及消除了障碍。Sony的新产品尺寸要比标准的衬衫口袋略大几厘米，并不是严格意义上的"口袋装"收音机。后来发明出"随身听"的盛田昭夫很快给销售员工们下发口袋加大一点的衬衫，这样就解决了问题。

Sony又陆续解决了其他一些问题。TR-63安装6支晶体管（Regency产品则用4支），既改善了收听效果，又降低了一半的耗电量，使用的9伏电池成为晶体管收音机的标准电源。作为第二代产品，TR-63机型成为晶体管收音机多年的样板。

如果没有伪科学和骗子的努力，任何科技进步都不可能进入大众的视线，这一点几乎不言而喻。当时晶体管技术就是如此（现在也是）。最离奇、最搞笑的一种理论认为晶体管不是贝尔实验室的成果，而是一项最机密的工程计划，目标是还原从一艘坠毁的宇宙飞船上打捞出来的外星技术。尽管科学家和工程技术人员非常厌恶这种言论，但它的几个依据却值得关注。

每当神奇技术和怪异自然现象的传说在欧洲各地传播的时候，就会有人用外星人概念来附和几百年前的诸多神话。新版本神话的背景由外族异邦换成遥远的外星球。为了驳斥侵犯外星人专利的谬论，我们必须要审视一番晶体管问世的过程。回顾起来，那没有丝毫神秘之处：晶体管经历了一系列渐进的发展过程，最早可以追溯到卡尔·费迪南德·布劳恩（Karl Ferdinand Braun）很早以前的一些发现结果。

第二次世界大战期间，MIT的Rad实验室和普渡大学在绞尽脑汁提高雷达系统的性能，并开始对包括锗在内的不同材料开展研究，结果把锗元素加入到半导体行列。1926年确定的半导体有硅、硒和碲。与其他材料不同，锗可以提炼到非常纯的状态。最早进行此次战时研究的普渡大学研究团队几乎被人忘记了，其成员是研究生，带头人是卡尔·拉克-霍洛维茨（Karl Lark-Horowitz）博士。该团队最早完成锗的提纯工作，也加深了对锗的认识。战后，普渡大学的研究人员继续探索半导体材料，但是与贝尔实验室相比，更倾向于学术方向。据说贝尔实验室的团队比他们提前几周发明了晶体管。

德国在第二次世界大战期间进行过同类的研究工作，尤其是物理学家赫伯特·马塔雷（Herbert F. Mataré）和海因里希·韦克尔（Heinrich Welker）做出了贡献。至少在战争伊始，德国人显然没有优先研发雷达技术。空军元帅赫尔曼·戈林（Hermann Göring）说过一句很有名的话："我的飞行员用不着在飞机上看电影"。戈林一定是被德军初期的地面胜利冲昏了头脑，同时天真地不忘第一次世界大战时自己驾驶双翼飞机的战斗英姿，或者仍然停留在两次世界大战中间那段航空运输的工作经验上。幸运的是，后来英军在德国境内的空袭日益猛烈，而云层的掩护和糟糕的天气却帮了大忙，因而证明戈林摒弃新技术的傲慢心理带来的是灾难。等到他意识到雷达的必要性时，已经没有时间追赶了。

对于马塔雷和韦克尔而言，研制高级雷达系统的徒劳努力引领他们走上与Rad实验室相同的研究道路，同时在半导体研究方面取得了有价值的成果。二人在战后改换门庭，开始为设在法国的西屋电气工作，继续晶体管的研究。最后他们自主研发出的装置和贝尔实验室的几乎相同，只是比美国科学家晚了几个星期。他们给新发明起名为"负跨导管"（transistron）。几个月后他们得知了美国人的发明成果。

马塔雷的时运好像特别不顺。20世纪50年代初期返回德国后，他组建了自己的"Intermetall"公司。他一心指望晶体管的实际应用，制造出一款晶体管收音机原型，并在1953年的杜塞尔多夫无线电博览会上提出了晶体管设计概念，比TI与I.D.E.A.合作的产品上市早了整整一年。"我的设计概念得到充分认可，"马塔雷在接受采访时说，"人们惊叹于收音机的尺寸"。但此后Intermetall的投资公司切断了资金供应，所以德国人的晶体管小收音机永远停留在样机阶段。

十七
越来越小

电子管（真空管）的地位维持了近半个世纪后被晶体管取代。虽然体积小、性能可靠、能效高（至少和耗电惊人的电子管相比），晶体管的好日子却不足10年。电子装置的精细复杂程度越来越高，直接挑战着晶体管的实用性，这和被推向应用极限的电子管的处境完全相同。以计算机为例，一台机器有时需要使用10万个二极管、2.5万个三极管，制造成本变得很高。IBM公司在20世纪50年代设计的7030型全晶体管超级计算机（别名Stretch）更是把17万个晶体管装在了电路板上。

军方正处在冷战初期的紧急关头，急需新技术来发展高端武器系统。1951年，国家标准局的罗伯特·亨利提出一项"万能工匠计划"（project tinkertoy），并得到海军的短期赞助。该项目的思路巧妙而且简单易行，所以海军觉得它很有潜力。不同类型的标准化元件都将装在咬合在一起的小片陶瓷基板上。先通过自动化工艺把晶体管元件固定到基板上，然后就能快速装配成完整的工作单元，这样可以缩短生产时间并降低成本。不管出于何种原因，"万能工匠计划"很快便淡出人们的视线，可是海军方面已经投入了近500万美元。

时隔不久，美国陆军通信兵团向美国无线电公司（RCA）提出的"微模块"（micro-modules）概念投入巨资。这个项目更加复杂，就像"万能工匠计划"一样使用陶瓷基板，但是规格缩小了。多种不同的元件可以安放在长度不到1厘米、厚度只有0.03厘米的方形基板上。两个项目中的基板都相当于小型的电路板,但是"微模块"却极大地压缩了电路密度。为了展示自己的设计概念,RCA把收音机安装进一支钢笔里面(终极版的晶体管收音机),而且陆军高层很喜欢这个设计。这无疑是晶体管的发展方向。

微模块计划尽管高明,但在1959年公布之时就已经落伍了。事实上,计划出台的时机不可能再糟糕了。在"无线电工程师协会"(后来并入"电气与电子工程师协会",简称IEEE)的大会上,RCA和通信兵团发表了联合声明。但是得克萨斯州仪器公司(TI)的首款集成电路(电脑芯片)刚一面世就抢了微模块的风头。电脑芯片不是简单的技术进步,而是一次巨大的飞跃,不仅比晶体管小了很多,而且差不多从一开始就显露出无穷的发展潜力。

开发集成电路的不止TI一家,进入该领域的还有"仙童半导体公司"(Fairchild Semiconductor)——经费来自防务承包商"仙童照相机与电子设备公司"。其实"仙童"递交IC专利的时间比TI早了几个月,只是因为文件措辞问题被耽搁了。TI把申请写得更严密,加快了获批进程。争夺专利权的官司当然由律师经手。案件持续了10年后,上诉至美国海关和专利权上诉法院(20世纪80年代初被取消)。经过多轮法庭辩论后,法院支持了"仙童"的专利权主张,同时认定TI研发出最早的集成电路技术。最终的权属问题其实并不重要,集成电路已经得到实际应用,将来会发挥更大作用。

1961年,两家公司的芯片刚开始走上生产线,军方便找到了直接应用集成电路的方向,而第一支晶体管也是如此。如果有人怀疑IC技术的潜力,那么TI推出的"分子电子计算机"很快打消了这些疑虑。该款小型计算机按照美国空军1961年的订货合同生产,体积只有40.65平方厘米,重量为283.5克。整机没有配备任何用户操作界面,既没有显示屏,也没有键盘——却让人认清了新技术的意义。TI公司自豪地宣布,计算机使用的47块芯片能抵得上8 500支晶体三极管、二极管、电阻器和电容器。

两年后,美国国家航空航天局以及20世纪60年代早期的"民兵"式导弹系统专用的IC被制造出来。肯尼迪总统提出了10年内把人类送上月球的宏伟计划,所以当时的美国国家航空航天局必须要做出回应。

电池的服务对象很快转向微小的电子元件,它们能完成高度复杂的运算任务。电报使信息的流动不再受传播时间的限制,直接造成距离的消亡。IC也打破了任务的复杂性与执行者体型大小之间的长期联系。现在制造的小型便携式装置能够快速完成极其复杂的工作。证明这一点的是宾州大学电气工程专业的一群学生。为了纪念ENIAC计算机问世50周年,他们决定用新技术复制它的整套数据处理架构,原来的机器使用了1.8万支电子管、7 200支二极管和1 500个继电器,总重量有30吨,而使用一小块7.44×5.29平方毫米的电脑芯片就能替代那个庞然大物的所有功能。

主持研发工作的戈登·摩尔(Gordon Moore)后来脱离"仙童",与他人共创了Intel公司。他曾在1965年4月份的《电子学》杂志上预言,集成电路的发展速度每2年会加快1倍,而且有充分理由相信此趋势会一直持续到很远的未来。"价格最低元件的复杂性每年大约增加1倍,"他写道,"可以确信,短期内这一增长率会继续保持,即便不是有所加快。而在更长时期内的增长率应是略有波动,尽管没有充分的理由来证明,这一增长率至少在未来10年内几乎维持为一个常数。预计到1975年,能以最低价格购买的每块集成电路上将出现的元件数量会有6.5万个"。

摩尔的标志性论文成为有名的"摩尔定律"的理论基础——通俗地预测芯片集成的处理元件数目每2年增长1倍的规律。确切地说,所有的技术都是过渡性的,但是某些技术的寿命会更短暂。摩尔准确预测出IC技术不会成为8轨播放器的一部分。

"集成化电子产品的未来就是电子学自身的未来。"摩尔在1965年的文章中写道。

> 集成的优势是促成电子学的发展,推动科学走进许多新领域……集成电路将创造出家用计算机这样的奇迹(至少是连接到中心计算机的处理终端),还有汽车的自动控制系统和便携式的个人通信设备。今天只需要一个显示屏就能证明电子表的可行性。

电子表的确出现了,但是摩尔指的是电子表没有实用的小型用户界面,不能匹配IC数据输出功能。对于大型计算机而言,人们可以使用阴极射线管,就像电视机屏幕或者"西部联合电报公司"当时使用的打印机显示屏一样,但不适合应用在袖珍型电子产品上。既然便携式概念意味着电源也必须小巧玲珑,那么体积小、耗电低的东西就是人们需要的。有趣的是,几乎在摩尔发表论文的同时,小型显示屏的难题得以解决——位于新泽西州的RCA实验室的研究人员在液晶显示屏方面即将取得重大突破。

实际上,液晶显示屏技术可以上溯到19世纪末期,当时的奥地利植物学家弗里德里希·莱尼茨尔(Friedrich Reinitzer)无意中发现某些有机晶体(苯甲酸胆固醇酯）经过加热后表现出特殊性质。在特定温度下,晶体能从浑浊状态变成清澈状态。也就是说,它们出人意料的反应有规律性可循,这引起了科学家的兴趣。长时间开展相关研究的奥托·雷曼（Otto Lehman）注意到一些有趣的折射特性,并发明了术语"液态晶体"。科学界对此只是感到好奇,没有人进行深入研究,直到RCA的科学家在20世纪60年代才掌握这种物质。

后来证明液态晶体不仅对热产生反应,而且也对电磁场有反应。如果你用表面导电的物体挤压两层薄玻璃面板间的晶体,同时施加一股较小电流,晶体将会自动排列起来并变成不透明状态。如果用适当的染料处理,晶体甚至能变化出需要的颜色。

几年后,RCA公司展示了一款非常初级的LCD（lignid crystal display）屏和一种视窗产品,后者在电流作用下可以变暗。之后就没有下文了。RCA的大佬们一点也不看好新技术。"大家请求他们进行（新技术）商业推广,可是那些人认为公司的重点是电子产业,搞LCD等于不务正业"。得知建议被否决后,乔治·海尔迈耶（George Heilmeier）这样说。他是LCD项目的支持者之一,后来离开了RCA,最后主持"国防部高级研究计划局",这是美国军方的主要研发部门,也负责因特网的早期开发工作。

RCA在那时是世界上最成功的企业之一,在阴极射线管市场上占有较大份额,没有任何兴趣追求非常冷门的LCD技术。1968年,一位日本电视工作者拍摄的新闻片《属于全世界的公司:现代炼金术》,其中展现了海尔迈耶如何证明LCD技术的可行性。此前的RCA公司一直是无动于衷的态度。

1969年,夏普公司（Sharp）的一名工程师认识到LCD的价值,它可以解决案头必备的袖珍型计算器的显示屏问题。依然对这项技术不感兴趣的RCA公司基本上没有提供帮助。因为美国公司不愿合作,而且该领域基本没有发布现成的材料,所以夏普的工程师做了好工程师该做的事情——观看海尔迈耶演示实验的现场录像。尽管阴极射线管的实验室故意把所有瓶瓶罐罐的标签一面背对着录像机镜头,夏普的人还是能够收集到足够线索,以便自己开始研究,并设法在比较短的时间内完善了LCD技术。

接着在1973年的5月,夏普向全世界推出"Elsi Mate"EI-805型袖珍计算器,安装5块集成电路,厚度不到2厘米,重量只有212.63克。真正令人惊喜的地方在于使用一节AA电池的计算器能连续工作100小时。那就是说,它的耗电量大概只有市场上其他电池动力的计算器的九千分之一。LCD技术解决了用户界面高能耗的难题。

"Elsi Mate"计算器的突破性体现在各个方面,各项指标远远胜过"Cannon

Pocketronic"。那是1970年TI和佳能公司合作生产的"便携式"计算器,这个大家伙根本不可能放进口袋里。TI的产品甚至连显示屏也没有,仅仅配置了热敏纸打印机。使用者可以透过一个有放大效果的小玻璃窗口看到纸上打印输出的结果。

1972年推出的"Datamath"或TI-2500型计算器有了进步,安装了发光二极管显示屏,但是需要6节AA电池供电。继"Datamath"之后,计算器市场上又出现了日本企业Busicom研制的LE-120,俗称"Handy",这款计算器只需要4节AA电池就能满足其LED(light emitting diode)屏的需要。

这时出现了一个问题。尽管LED远比白炽灯泡节能,但是用在小型电气装置中仍然会消耗较高的电能。汉弥尔顿在1970年大张旗鼓地推出名为Pulsar(脉冲星)的数字显示式手表——首款没有任何运动部件的手表,其实他非常清楚这一无奈的现实。Pulsar被称为"计时计算机",走精品促销的战略,其内部的IC上集成了1 500支晶体管,能为拥有者提供精准计时服务,对于1 200美元左右的价钱来说可谓物有所值(相当1万定值美元)。

只可惜在第一只手表到店之前,技术人员就发现LED正在以惊人的速率消耗着电量。据汉弥尔顿本人所说,那是首次在手表上采用LED技术,犯错误是很正常的。IC的工作情况良好,走时基本精确,可是Busicom公司花了2年时间才解决了LED的用户界面问题。

首先,技术人员替换掉原先计划使用的单一银锌充电电池,改用两套可置换式动力电池(购买手表时附带一张免费更换第二套电池的凭证)。为了省电,用户必须按动表盘上重新设置的控制按钮,只有它能点亮LED。根据使用手册,如果你每天按动25次,电子表就可以工作一年。这种设计并不算高明,但是手表的新颖性掩盖了这一小小的不方便。电视节目主持人约翰尼·卡尔森(Johnny Carson)在《今夜秀》现场得意地炫耀了新款的电子表,据说理查德·尼克松也带过这种表,1973年版的《007系列之生死关头》中的詹姆斯·邦德手腕上也有这种表,只是出镜时间很短。

1972年,"日本精工"(Seiko)设计出一款低能耗的LCD屏电子表,其连续读数式时间显示模式为业内设立了标准。近乎完美的设计正好匹配IC的低能耗特点,所以LCD在不到10年间便开始普及,成为新一代小型电子产品的首选用户界面。

十八
耗不尽的电量

20世纪80年代至90年代，电池好像在和所有的消费类电器和创新发明一道进入市场。电池中开始使用新型化学材料，而且为了把电池卷得更紧凑，制造商采用了提高密度的新工艺，进而生产出不同的电池（工业上俗称的"果冻卷"），在更小的外壳里容纳更多的电力。"果冻卷" D型电池能把反应面积加大到76.2厘米。很长一段时间内，这种工艺十分有效，所以消费类电子产品的电源固定在如下几种可充电式的化学电池之中：碱性电池、镍镉电池（NiCd）、镍氢电池（NiMH）和锂离子电池（Liion）。

在这20年间，电子产品的发展速度惊人，至少在部分方面验证了"摩尔定律"。电池的研发人员却没有撞上好运，依然在法拉第定律的铁腕统治下挣扎着。他们意识到自己必须经常要在能量密度、使用寿命和尺寸大小之间进行权衡。随着便携式电器的使用越来越多，电池的问题依旧存在。

碱性电池的能效高于标准的干电池，主要适合耗电低的任务，比如电视机遥控器或电动玩具。随着便携式音乐播放器之类的装置日益流行，人们需要的是充电电池。

真正的第一代充电电池包括流行一时的镍镉电池。然而，这种电池不仅有毒，而且还有记忆效应这一臭毛病——如果充电前没有彻底放电，电池的储电能力会陡然降低。幸运的是，镍镉电池正逐渐退出历史舞台，包括数码相机和电动剃须刀在内的电子产品中开始应用更环保的镍氢电池。

我们接着说锂电池。很大一部分电子设备都使用锂电池,但也总有麻烦。锂是1800年首先在瑞典的铁矿里发现的,常以透锂长石矿或者锂铝硅酸盐形式出现,所以科学家得不到纯净的锂。10多年后,青年化学家约翰·阿尔夫维德森(Johan Arfwedson)对锂元素进行了分类。他当时在著名科学家约恩斯·雅各布·贝采里乌斯(Jöns Jakob Berzalius)的实验室工作。贝采里乌斯提出原子量理论并设计出一套化学元素标注法,直到今天我们还在使用这一方法。因为锂呈现碱性,为了与有机物(比如植物)中的盐类区分开,所以阿尔夫维德森便使用一个误导性的名称"lithos"(希腊语意为"岩石")。锂实际上是一种碱金属。

英国皇家科学研究院的汉弗莱·戴维和同事布兰德(W. T. Brande)取得锂研究的突出成就。他们借助大功率的伏打电堆,通过电解方法分离出纯锂元素。在给氯化锂接通大电流时,他们发现了一种非常活跃的银白色金属,其性质高度易燃,接触空气时很快就氧化了。锂是重量最轻、密度最低的固态金属,但是极不稳定。人们很快意识到不能把锂像铅或铜一样随便留在实验室里,必须保存在油性物质里。

喜欢锂的化学家们称之为"神秘金属",但是它的用途很有限。一直到20世纪60年代,锂电池概念才得以发展推到和平应用阶段。20世纪70年代,埃克森石油公司(Exxon)的研发人员开始认真研究锂电池。已经在"永备电池公司"开发出碱性电池的路易斯·厄里也开始重视锂电池的发展。

锂电池的优势是显而易见的——电压高、"能量密度"大,性质活跃,而传统电池则受到法拉第定律的限制。延长电池寿命、增强能量是有可能实现的,可是这种努力真的值得吗?消费市场真的需要新型电池,尤其是这种极其易燃的陌生材料制成的电池吗?经过初步尝试,美国主要的电池公司全都放弃了锂电池项目。晶体管收音机、手电筒和各种玩具使用常规电池的效果都不错。马上锂电池需要对工厂进行重组,或者投巨资建设新厂。另外,性质特殊的锂也不适合仓储。因此,电池生产企业的决策就简单了:让别人去搞吧。

几乎在同时,政府、军方甚至美国国家航空航天局开始参与进来,资助锂研究项目。甚至联邦航空局也制定了针对锂的安全运输规范。如果输出电压高和使用寿命长的电源并不是消费类电器所必备的,那么一定符合飞机和卫星的应急定位器以及战场装备之类的电子设备的要求。遗憾的是,经过多年研究的锂电池依然达不到满意的效果。有报告称锂电池导致了几次火灾事故,并且至少有一人死亡。虽然研发工作有所进展,但是锂电池依旧是高度专业化的产品。后来的改观得益于索尼公司和朝日(Asahi)化学公司的努力。

他们接手了美国科学家中断的研究，在20世纪90年代初推出锂离子电池。这种适时上市的优质电池代表着科学技术的一次重大进步，不仅改变了锂的危险状态（以离子态出现），而且能产生固态的化学反应，这意味着它的自放电率极低。因为离子在两个电极之间来回摇荡，所以研发人员开始把新型锂电池称为"摇椅电池"。锂离子电池能长时间存放而不"变质"。从使用AA电池的随身听，到笔记本电脑、移动电话、苹果的iPod播放器和PDA（个人数字助理，俗称掌上电脑），这些产品都为便携性赋予了新的时代意义，而锂离子电池恰好迎合了这种趋势。它的重量轻，具有可塑性，适用于多数便携式产品，而且不存在镍镉电池的记忆效应。尽管这种电池的寿命不超过3年，但是它们驱动的大多数电子产品也用不到那时候。

又过了10多年，使用寿命长和高电量已经不再是对电池的奢求，而是决定性的标准。随着远东地区成为锂离子电池的制造中心，韩国甚至中国的企业很快加入到索尼公司的新型电池发展事业中。

有趣的是，低工资优势没有"击败"充电电池市场上的美国公司，但他们决定不主动参与到锂离子电池的大规模项目中去。一部分美国企业指责亚洲电子装备厂商的纵向整合策略[①]，或者批评他们依靠低于原电池毛利率的竞争手段。

这种形势没有引起美国电子产品制造商的担忧。虽然美国继续扮演着新技术创新者的角色，问题是这种地位能维持多久。亚洲厂商不仅完善了生产工艺，而且在研发活动中也投入巨大。所有这一切都是悄无声息的，主要由于电池越来越远离消费者的视线，人们不知道电池品牌，打广告也没有效益。电池尽管必不可少却又看不见，但总处于一些重大科技进步的前沿。

---

① 纵向整合，又称垂直合并，指整个产业链上下游之间进行的整合，与之对应的是横向整合。目的是控制某种资源、保障供应，如收购上游原料供应商，或拥有某种渠道、扩大销售，如收购下游零售企业。纵向整合的发起者通常是已经在原本行业占据领先，在整个产业链上地位突出的公司。

十九

实验动态

过去的时光便是异国他乡；那里的人做着不一样的事情。
————哈特利（L.P. Hartley），《传信人》

又一个10年过去了，电池技术正处在激烈的演变过程当中，其推动力量是日趋复杂化的电子装置和纯科学的发展进步。就消费市场而言，电池生产的目标是高电压、大容量、充电快捷。即使消费类产品也变得更精细，增添了更多耗能的新功能，系统设计者一直在苦苦跟随技术发展的步伐，在集成电路中采用低功耗模式，关闭那些不使用的功能。这种模式实际上是过去技术的升级版。汉弥尔顿"脉冲星"电子表的研发人员曾提出过同样的办法，用户需要按下按钮才能看到LED屏显示的时间。

化学电池的基本原理200年来没有任何改变，也没有理由或机会发生进化。使用电池最多的是消费类电子产品，设计者或多或少要考虑现有的可靠电源。在过去10年间发生改变的是消费者使用电池的方式，他们拥有越来越多的便携式产品。当前的时代特点是追求轻便小巧和日益复杂的技术含量，所以电源就成了薄弱环节。即使是目前最先进的电源设计，也仅停留在20世纪中叶的化学电池的水平上，可是人们却需要它们给21世纪的技术提供动力！ iPod和新手机的功能跟用户界面很可能会让伏打惊讶或困惑不已，但是他老人家也能轻易掌握机器里面电池的设计原理。

当然，我们也有近期的成功案例。两次海湾战争所使用的电池是BA5590型，已经使用了10年，其供电对象扩展到更广泛的军用电子装备领域，比如GPS、便携式瞄准系统、夜视仪和便携式计算机等。从简单的手电筒和第二次世界大战时的步话机发展到现在的尖端装备，这是很漫长的一段时间。已经是老面孔的BA5590电池重约0.91千克，因原材料不同而有3种不同的"口味"：二氧化硫锂电池、二氧化锰锂电池和锂离子充电电池。

电池的作用太重要了。据可靠消息称，由于前线缺乏电池，海湾战争差一点在2003年终止。一位美军军官说那是一场"短期灾难"，军队的电池供应在几天内就耗尽了。大家在那里白白消耗着给养。指挥官的当机立断扭转了局面，所以各个战区得到了空运来的补充电池，地面战斗也很快分出了胜负。

自从南北战争以来，美国军方一直重视电池技术。他们认识到高效电池的必要性，并且研制出下一代的电源，也是普通消费者在MP3播放器中使用的电池。

还要提到1990年发射升空的哈勃太空望远镜。搭载6块约56.7千克的镍氢充电电池后，"哈勃"的储电部分重达208.65千克，主体长度为88.9厘米，宽度为81.28厘米，高度27.94厘米。科学家和技术人员估计那些电池的寿命能维持

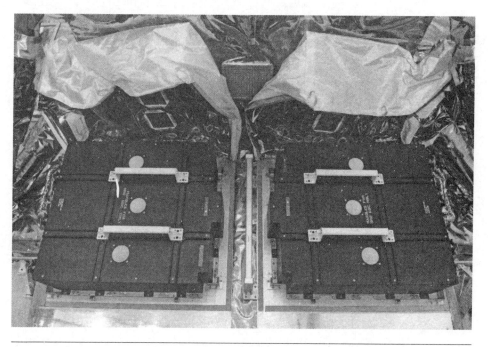

哈勃太空望远镜的电力来自6块约56.7千克重的镍氢充电电池，其寿命创造了一项纪录。它们利用太阳能充电，每3块连成一组模块（见上图）。最初估算的电池寿命有5年，在美国国家航空航天局技术人员的维护下却使用了19年，2009年才被更换下来。新的镍氢电池采用了新的制造工艺，美国国家航空航天局称新电池的正常功能将维持到2013年

5年左右。事实上，电池工作了近19年后才出现充电容量下降的迹象。美国国家航空航天局把创世界纪录的超长寿命归功于充电循环过程中的精心管理及其异常严格的设计规范。2009年安装的新电池也是镍氢电池，但其制造工艺却是全新的。注入电池模具的是泥浆状的化学原料，然后进行必要的烘烤，以消除水分。据美国国家航空航天局透露，新电池的最佳状态将保持到2013年。

有一点看起来很明显，那就是便携式电源处在重大技术变革的边缘。我们越来越追求便利性，而电池的使用寿命已经成为竞争的一项条件。市场上最复杂的产品也都被视为普通商品，而笔记本电脑如果配备了能连续24小时工作的电池，那将拥有其他品牌比不了的竞争优势。

一些专家认为，传统电池技术不太可能出现重大改进。20世纪90年代出现的锂离子电池是一次主要的技术突破，可用的电池生产材料已经接近尽头。根据专家的看法，我们正处于渐进式改进的阶段。

索尼公司一直在积极研究甲烷燃料电池，这是很有前景的一项技术。已经发布的是一款混合型燃料电池，体积很小，和锂离子电池一起装在钥匙扣上。索尼称两种供电模式之间可以任意切换，或者二者同时给小型电器供电。

市场上出现的平面膜式电池是另一种发展模式。这种电池的厚度不超过一张扑克牌，特点是可弯曲，改变了标准化学电池的应用途径。它们由微米或超微米厚度的材料制成，阳极、阴极和电解质都是超薄型的，研究人员至今已经能把发电材料的厚度降低至5微米。尽管不适合普通的消费产品，但是足以解决很多特殊产品的电力需要，诸如信用卡芯片或豌豆罐头标签里的微小集成电路和小型无线电射频识别标签，还可以支持数据存储或者一些基本的IC硬件。TI等少数几家公司已经推出了平面膜电池技术，主要满足特种应用领域，比如电力需求较小的MEMS（微电子机械系统）。如果和新一代柔性IC结合起来，其运算能力将会从保护性硬壳里的装置中转移到更加广阔的应用范围，例如能够给心率监测仪供电的服装或某些装饰性陈设的照明需要等。

我们给电池充电的方式也将在不远的将来发生改变。将来会出现各种新技术，而插接式的充电方法将会被淘汰。交流电的发明者尼古拉·特斯拉（Nicola Tesla）梦想的远距离能量传输过去听起来很离奇，已经变成现实了。最可行的方法是通过感应线圈向接收装置发射能量，但是这种办法只在比较近的距离内起作用，或者接收装置直接安放在线圈跟前。由于我们周围的Wi-Fi（无线保真技术）发射器和手机信号发射塔之类的设备每天都在向空中发射着电磁波，所以他们提出了收集那些电磁辐射的概念。这些能量经过收集之后就可以给电池充电，或者带动小型的电子装置。

后记
未来发展趋势

做预测真的很难，尤其是预测未来。

——尤吉·贝拉[1]

对遥远的未来做预测总是很伤脑筋的。美国婴儿潮的那一代人可以提供有力的证明。他们已近步入中年以上的年纪，而小时候杂志上许诺过的一些东西仍然没有实现，包括飞行汽车和个人喷气背囊。

超级电容或双层电容将出现在更远的未来。超级电容是现有电池技术的重大飞跃，不仅能通过化学反应产生电荷，而且能像莱顿瓶一样存储电荷。最普通的超级电容由置于电解质的两个无电抗圆片构成，圆片上附着一层碳。元件的关键部分是每一片多孔材料的表面积都很巨大，所以能存贮超大容量的电流。

从技术角度来看，莱顿瓶的实质就是一个电容，但是超级电容最早出现在20世纪50年代末期，而且经历了几年不平坦的发展道路，今天应用在多个方面，比如电子装置的备用电源。然而，具有超大表面积的材料却经历过多次试验，虽然实现了比标准电容更高的电容量，却仍然不及现有的锂离子电池。足够大的表面积虽然还没有出现，但是超级电容毕竟为期不远了。这种技术在理论上有很大的优势，至少能惠及几代电子产品。首先，因为不发生化学反应，超级电容不容易受环境因素的影

---

[1] 劳伦斯·彼得·尤吉·贝拉（Lawrence Peter "Yogi" Berra），前美国职业棒球大联盟的捕手和总教练，主要效力于纽约洋基队，并在1972年被选入棒球名人堂，曾3次获得联盟最有价值球员称号。

响。其次，超级电容的能效高于电池，由于不依靠化学反应进行再充电，所以它们能在几秒钟内快速恢复电能。从理论上讲，你能在等电梯或在银行排队时给iPod充满电。超级电容可以多次充电，比如5万次以上，但其不会失去能效。

处在该项研究前沿的有MIT"电磁与电子系统实验室"的乔尔·辛达尔（Joel E. Schindall）教授及其团队。他们要用碳纳米管取代超级电容里的活性炭。粗细相当于一根发丝的三万分之一的纳米管实际上是"生长"在圆片材料表面。材料表面和电解质充分接触后，马上被置于高温的烃气中。由于密闭空间里充满烃气，电解质捕获的碳原子会在几分钟里堆积起来，或者说自动聚集为一层绒毛状结构，那就是均匀分布的纳米管。竖直排列的碳纳米管会长成一片微观"森林"。"我们要做的是在锡箔之类的导电电极上'种'出足够多的纳米管，"辛达尔这样解释，"我们相信一根纳米管能产生3～4伏电压，储电量是商用的超级电容的5倍"。

这种纳米技术不仅可以应用于很小的便携式产品，而且适用于汽车和可替代能源的存储工作，比如风力发电机的配套设备。如果进展顺利，商用产品将在10年内上市。然而，又过了10多年，丰田公司在原来的设计概念上小打小闹，推出第一款量产的复合动力汽车——普锐斯（Prius）。普锐斯面世几年后，苹果公司推出的iPod经历过多项技术改进。相比之下，电动汽车的发展速度简直就是蜗牛在爬行。

这种对比其实并不公平。造成不公平的正是那些必须要提的最基本因素——Prius与iPod的差别就如同苹果和橙子的不同。如果通过改进现有技术或者开发新技术的手段能实现替代性性能源的应用，那么技术的推动力离不开强有力的资本力量。莫尔斯在电磁式电报技术的成功证明了这一点，尽管投资人不大情愿掏钱；万尼瓦尔在论文《无尽的前线》中曾极力提倡相同的发展模式；肯尼迪总统也向美国国家航空航天局做出过保证。2009年2月生效的《2009年美国复兴与再投资法》至少在一定程度上保证了新能源研究的经费来源。在高达7 900亿美元的经济刺激计划中，美国规定把数百亿的份额分给电池研究和制造领域，从制造企业到基础研究活动，各方都能享受到直接拨款、贷款和税收激励政策等多样的资金支持。这些做法是否足以赶上资金充裕的亚洲竞争者还有待观察，我们毕竟有所行动了。

MIT的研究人员在很小范围内进行着微型电池试验，它们只有人类细胞的一半大小。可是引起关注的并不是电池的大小，而是其装配过程。一种名叫M13的转基因病毒被释放到特制表面上，以便生成阳极材料。这种研究可能创造出极其微小的自供电IC，适用于植入性传感器。

还有所谓的生化电池。早在2003年,密苏里州圣路易大学的学生们开发出以酒精为原料的电池。他们主要使用伏特加和杜松子酒,借助一种催化剂把原料分解成酶。索尼公司跟风研制出以糖为原料的电池。它和酒精电池的原理差不多,酶负责分解或消化糖(实为葡萄糖),同时特制的阳极从糖里面吸取电子和氢离子。新加坡的一位科学家曾公布了一种以尿液为电解质的小型生化电池。虽然在媒体上备受嘲弄,所谓尿电池和近炸引信在原理上基本是相同的——核心就是添加电解质,可以在低能耗的医学检测方面得到应用,例如糖尿病或妊娠试验等。

在伦斯勒理工学院(Rensselaer Polytechnic Institute,位于美国纽约州),科学家提出相似概念,用体液作为电池的电解质。像纸一样薄的电池主要由纤维素构成,表面印有纳米管。研究者总结出的优点是它容易切割成合适的大小,以便植入皮下供心脏起搏器之类的仪器使用。

最后,电池的发展终于能跟得上相关领域的发展步伐了。今天的各种电子装置的动力来源都大同小异,依赖的是最基本的化学原理。明天的电器可能会发生改变,那么负责供电的电池也同样会随之改变。科学与技术经常以出人意料的方式相互适应、变化和互相影响。200多年前,死青蛙的一条腿意外地抽搐了一下,接下来的争论早已尘埃落定,但是随之出现的科学探究活动延续到今天,而且必将继续到更远的未来。

附录
巴格达电池之谜

一场洪水引发了这次神秘事件。1936年，从土耳其山地流淌下来的积雪融水倾泻到一条条小河和溪流中，最后奔入底格里斯河；这条大河向南蜿蜒穿过伊拉克境内，河水漫过堤岸后进入地势低洼的泛滥平原并和幼发拉底河一起流入波斯湾。洪水将伊拉克首都一分为二，所以巴格达东区变成了一座岛屿。

洪水过后，低洼地区留下的很多积水潭引起了公共卫生官员的关注。由于担心疟疾爆发，当局制定方案，计划把伊拉克东部Khujut Rabuah附近的一座土丘挖掉，用来填平那些棘手的大死水坑。然而，就在工作人员刚开始挖掘土丘的时候，他们发现了古人居所的遗迹。巴格达考古博物馆得到报告后，急忙召集一支考察队，对文物进行收集整理。如果不是因为威廉·柯尼希（Wilhelm Koenig），那次小有收获的考察活动就可能收场了。

柯尼希原来是受过专业训练的艺术家，1930年跟随一支考古队从德国来到伊拉克，1936年成为巴格达考古博物馆的馆长。他从艺术领域转到考古领域的过程可能让人觉得不正常，对于一个国境线新划定的国家来说，柯尼希的经历其实也很适合成立不久的博物馆。

在Khujut Rabuah村出土的文物中有一个破损的小黏土罐，内部是铜皮卷成的圆筒和一根铁棒。这个浅黄色的椭圆形小罐大约12.7厘米高，直径约7.62厘米，它令柯尼希迷惑不解。对于土堆中清理出的古代人工制品，包括几支仪式用的碗装物在内，柯尼希推断它们的年代在帕提亚朝代（中国汉朝称安息国），大约公元前200—公元200年。

古人可能会用它来做什么呢？ 20世纪30年代初在塞琉西亚（Seleucia）发现过类似的罐子，有人说是盛装经文宝典的容器。柯尼希另辟蹊径，根据逆向工程的研究结果，认为陶器碎片应该是一种电池，并在1939年返回德国后详细记载了他的发现。

当我把所有碎片拼接起来，同时考虑到不同部件之间是用绝缘沥青小心隔绝开的事实，我吃惊地明白了这一奇怪发现的用途何在：它一定是一个电池！只要注入酸性或碱性液体，电池就能工作了。只有通过进一步的发现结果才能加以证实，因此我以谨慎的态度表达自己的观点……

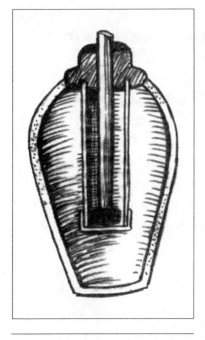

巴格达电池的横截面

柯尼希用电镀理论回答了一个最明显的问题——电池的用途。该地区发现的其他文物都好像经过电镀处理，包括表面覆盖着铜绿层的青铜或纯铜器皿。另外，帕提亚时代的当地工匠在原始的电镀过程中，使用某种独特方法进行金属薄片的贴附工艺，或许是从更原始的方法演变过来的。罐子里生成的电流也可能用于宗教仪式和医疗目的。古希腊人就曾把电鳐释放的电荷用作麻醉手段。

过了一段时间后，更多的神秘罐子陆续被发现，个别的设计略有差异，总数大约有十几个。柯尼希推断，它们可能连接在一起，以便产生更强的电流。柯尼希的电池说自然遭到考古界的广泛反对。他的理论在技术角度上还有漏洞。陶罐的顶端是用沥青封闭的，这一缺陷让电池的使用者无法更换里面的电解液。难道古人已经设计出一次性电池？

不利于电池说的证据越来越多。尽管帕提亚人的帝国维持了一段时间，但是他们的技术水平好像没有发展到特别尖端的程度。另外在有关帕提亚文明及其他跨文化交往的记载中，找不到任何证据，史料中没有提及电池或类似的神秘容器。考古学家发现那些器物表面的薄层物质是烧制过程中粒化作用的产物，而汞在其中起到一定的作用。

如果不是因为美国人威拉德·格雷（Willard F. M. Gray），巴格达电池早已成为科学史和考古史上的注脚了。格雷是通用电气公司"高压试验室"的一名工程师。试验室位于宾夕法尼亚州的匹兹堡。1940年,格雷利用文物的图样自己复制出古代的电池,它能产生约半伏的电流。更多的复制品也都能产生电流。这种古代器物真有可能是电池。

对于那些顽固的怀疑论者,古代的巧妙与现代的神秘都考验着他们的智慧,而那些令人烦恼不已的技术细节则无须考虑。假如巴格达电池真的为完成特定任务,比如电镀工艺,那么若干个低压电池必须串联在一起(正极对正极/负极对负极),从而提高电压。可是这样的连接设备却没有发现。巴格达电池理论当中最令人烦恼的地方,或许是在帕提亚文明中缺乏任何形式的基本科学依据。

在一个高度发达的古代文明中,巴格达电池是独一无二的复杂物件。如果帕提亚人创造了电池,那么它的目的和科学起源的所有痕迹都被时间之手抹平了。当然,有一部分问题在于本身就很简单的电池技术——酸性或碱性液体中的不同金属。一枚铜币和一根镀锌铁钉刺透柠檬外皮后就能发出电。帕提亚人也可能无意中掌握了发电的秘密。

巴格达电池之谜经过70多年仍未解开。拳头大小的破裂陶罐继续在证明着古人的智慧,也在支撑着流行的文化垃圾式科学所制造的种种神话和迷信。狂热的UFO迷们甚至宣称巴格达电池证明了星际来访者的到来,同时也有人把它当作超时空旅行者留下的证据。

作者批注

　　细心的读者一定会发现，很多电池应用事例没有在书中提及或仅仅一笔带过。原因很简单：空间和时间。电池在我们现代社会真是无所不在，所以书中不可能对那些依靠电池的所有装置面面俱到。再有就是字词的斟酌使用问题，比如"能量"和"功率"等。出于语言风格的考虑，这些用语差不多都在交替着使用，欠妥之处希望专业人士谅解。最后，作者也很清楚他在章节题词中引用了金属乐队的歌曲《Battery》，出自1986年的专辑《傀儡的主人》(*Master of Puppets*)，歌中所指的很可能不是电源，而是"人身攻击"[①]，也可能是旧金山的Battery大街。不管怎样，作者只是忍不住地想引用过来，与其并列的还有艾米丽·迪金森、拜伦、梅尔维尔等名家。

---

① 英语里的battery有"殴打""连续猛击""炮台""电池（组）"和"打击乐器"等多种意思。